JN223864

Small Factory 4.0

第四次「町工場」革命を目指せ！

IoTの活用により、
たった3年で「未来のファクトリー」となった
町工場の構想と実践のすべて

旭鉄工株式会社
i Smart Technologies株式会社
木村 哲也

はじめに

筆者は、海外駐在も含め18年間、トヨタ自動車株式会社（以下、トヨタ自動車）の技術部に在籍し、主に操縦安定性と乗り心地の製品開発の実験に携わりました。最後の3年間は生産調査部に移り、トヨタ生産方式に則った改善活動に従事しました。

その後、2013（平成25）年に旭鉄工株式会社（以下、旭鉄工）へ転籍。取締役、副社長を歴任した後、現在は社長として経営全般に携わっています。

旭鉄工は年商150億円規模の中小企業です。鍛造、アルミダイキャスト、機械加工、樹脂成形、組み付けなどを行い、トヨタ自動車の一次仕入先として、主にエンジン、トランスミッション、サスペンション、ボディなどといった幅広い分野の部品を生産しています。また、タイ王国に現地法人SAM（Siam Asahi Manufacturing）を持っています。

本書では、筆者が旭鉄工に転籍して以来取り組んできた、生産ラインの「IoT化」について紹介します。

このシステムの構築によって、私たちの工場では、生産数、サイクルタイム、停止時間の改善スピードを大幅にアップ。さらに現場社員のモチベーションや技術力の向上にまで好影響を与えることに成功しました。

私たちが開発したシステムの特徴は、

① 少ない初期投資で済む
② 古い設備でも導入可能
③ 導入の簡便さ

の３点です。つまり、どんなに小規模な現場でも導入が可能であるという点が、最大の長所となっています。

私たちは、このシステムを自社のラインに用いる過程で、技術と運用の両面におけるデータを集めて改良を加え、「製造ライン遠隔モニタリングシステム」を完成させました。

さらに当社だけでなく、他社の生産性向上にも寄与したいという意図から、このシステムと運用ノウハウの提供を目的とした「i Smart Technologies株式会社」を2016（平成28）年９月に設立し、現在、約100社にモニタリングサービスを提供しています。

そして2018（平成30）年からは、システムと運用だけでなく、データを解析して改善のアドバイスを行う「ライン診断サービス」や、データを用いた素早い改善活動の土壌づくりをお手伝いする「ハイブリッドコンサルティングサービス」もスタートさせました。

本書の内容は、みなさんが働く生産現場の大幅なレベルアップに貢献できるはずです。そのことを実感していただくことができれば、著者としてこれほどうれしいことはありません。

2018年５月

旭鉄工株式会社／i Smart Technologies株式会社
代表取締役社長
木村哲也

目次

Small Factory 4.0

第四次「町工場」革命を目指せ！

序章

中小企業こそIoTを

序.1 IoTは中小企業経営の救世主

(1) IoTとは何か？

「IoT」とは「Internet of Things」の略です。

さまざまなメディアで「モノのインターネット」という意味だと紹介されていますが、この説明ではわかったようでわかりません。

実はこの「モノのインターネット」というのは「たとえ」にすぎません。

「モノの個体情報を認識し、集めて、それを生かすしくみ」

これがIoTの本当の意味です。

「個体情報」とは、温度、湿度、振動数、材質などのこと。「認識」は各種センサーが行い、「集め」るのはインターネットや社内のイントラネットが担います。そして「それを生かす」のは、人や人工知能の役割となります。

これでもむずかしいと感じるなら、人間の体調管理を考えていただくとよいかもしれません。「個体情報」が体温や血圧などを指します。「認識」を行うのは体温計や血圧計などです。この個体情報をスマートウォッチやインターネットを使って「集め」、遠隔地にある人工知能や医師が診察して、異常があれば警告を発する（「それを生かす」）。これがIoT

システムの典型のひとつです。

このシステムを生産現場に生かそうというのが、私たちの言う「IoT化」の意味です。

(2) 中小企業こそIoT化を推進すべき理由

従来、IoTシステムの導入と活用は、大企業が行うものだという認識が一般的でした。中小企業は、

① 大きな投資ができない
② 必要な人材が少ない／採れない

からです。しかし、この課題さえクリアできれば、IoT化は中小企業を大きく変える有利な点が数多くあります。たとえば、

(a) 生産性向上の余地が大きい
(b) 小回りよく変革ができる可能性が高い

といったことです。旭鉄工でIoT化を推進した際も、大きな予算を組む余裕はなく、またITにくわしい人材もほとんどいませんでした。しかし、中小企業を取り巻くさまざまな課題の解決にはIoT化の推進がもっとも近道だと腹をくくり、地道にしかし思い切った挑戦を続けた結果、必要最低限の経営資源でIoT化を実現し、設備投資と労務費を大幅に削減。そのうえ品質その他の面でも著しい成果を手にすることができたのです。何よりうれしかったのは、これによって社内の雰囲気ががらりと変わったことです。

(3) IoT化が変えるもの

私たちは、IoT技術導入の目的を、製造ラインの「時間当たり出来高」の向上に定めました。そしてそれを成功させました。

しかしその過程で、IoTの技術は、この目的以外にも、現場の条件や用途に応じた、さまざまな課題解決に用いることができることに気づきました。設備の規模を適正に保つことや、少ない人員でも品質や生産性を維持、あるいは向上させることが可能なのです。しかも、わずかな初期投資で――。

こうしたことから、中小企業こそIoTを活用するべきだと私たちは考えました。自社のIoT化の過程で蓄積したノウハウを、他の中小企業にも活用していただきたい。そのために、「i Smart Technologies」(アイ・スマート・テクノロジーズ、以下iSTC社)という会社を設立しました。本書では、IoT化の過程から、蓄積したノウハウ、そしてiSTC社がどのようにみなさんの会社のIoT化をサポートするのかまで述べていきます。

序.2 ものづくり日本大賞特別賞を受賞

なお、2018(平成30)年2月5日、当社は、本書に掲載しているシステム(以下に案件名と概要とを掲載)により、経済産業省が主催する「第7回　ものづくり日本大賞[01]　特別賞」(ものづくり＋企業部門[02])を授与されました(次頁写真序1)。

【案件名】

「IoTと人工知能技術を用いた、設備稼働状況モニタリングおよび報知システム」

【概要】

「汎用センサー(光センサーや磁気センサー)を既設の旧式機械に取り付け、送・受信機、クラウドと組合せた簡易なシステムの構築に

注01　http://www.monodzukuri.meti.go.jp/index.html

注02　本部門の主旨は「製造した『もの』を活用してサービス・ソリューションへと展開を図り、新たなビジネスモデルによる新たな付加価値を作った個人又はグループを表彰」すること。http://www.monodzukuri.meti.go.jp/outline/index.html

写真序１　2018年２月５日、当社は「ものづくり日本大賞 特別賞」を授与されました（右から３番目が世耕弘成経済産業大臣、その左隣が筆者）

より、新規設備投資や高価な監視システムを導入することなく、IoT化を実現し、鋳造、金型、食品加工などの多様な業種の生産ラインに導入されている。ものづくり中小企業でありながら、同サービスを提供する新会社を設立し、ものづくり企業のノウハウを活用した他社へのコンサルタントも合わせた製造ラインモニタリングサービス事業を展開する新たなビジネスモデルを構築。」

なお、授与式においては、世耕弘成経済産業大臣が祝辞を述べられました。その趣旨は、これからの日本の生産現場においては、①強い現場とデジタル技術の融合、②生産性の飛躍的な向上、③新しいビジネスモデルの創出、の重要性がますます高まるだろうということです。

驚いたのは、これらが、当社の目指したものや、私たちの提供するサービスが目標とするところと同じだったことです。

祝辞を拝聴しながら、私たちは、本書で述べている内容が、多くの製造業（この範疇すら越えることを私たちは目指しています）の未来に、必ず貢献することができると確信しました。

当社IoTシステム小史

1. なぜIoT化に取り組んだのか

1.1 きっかけ

(1) 「生産管理板を書きなさい」

2013（平成25）年末頃のことです。当社の改善指導にお越しいただいていたトヨタ自動車の主幹から「生産管理板を書いてPDCAサイクルを回すように」という指示をいただきました。

「生産管理板」とは、トヨタ生産方式に則った「改善」に使用される道具です。稼働時間を所定の時間帯に区切り、それぞれの時間帯で計画数（できるはずの個数）、実績（実際にできた個数）、停止理由（数が不足した理由）、ラインが止まっていた時間等を記録し、問題点を「みえる化」するのです（次頁図1.1）。

(2) 言うは易し行うは難し

私はトヨタ自動車の生産調査部で改善活動に携わっていたので、生産管理板を記す重要性はわかっていました。しかし、実際にきちんと記録するのが簡単でないことも知っていました。

理由は以下のように3つあります。

① 設備のカウンターが時間ぴったりに読めない　　所定の時間帯

	計画数	実績	停止理由と時間
5:30-6:30	100	91	材料欠　5分
6:30-7:30	100	82	搬送異常　8分
7:30-8:30	100		

図 1.1　生産管理板

ごとに生産個数を記すには、たとえば5時30分と6時30分ぴったりに設備のカウンターに表示された生産数を読み取って記録し、電卓で差を計算して生産管理板に転記する必要があります。ところが当社の場合は自動機が多く、1人で10ラインを担当しているところもあり、これが障害となります。バルブガイドライン[01]では約4秒に1個の割合で製品が生産されるため、カウンターを読むのが1分遅れると数字が15も違ってしまうのです。カウンターを読んだ時刻を併記することも試みましたが、あまりうまくいきませんでした。つまり時間ぴったりにカウンターを読むことは物理的に不可能なのです。そんな無理な作業を従業員に押し付けてもうまくいくはずがありません。大手企業であれば生産管理板を記すためだけに人員を割くこともできるでしょうし、そういう例も耳にします。しかし旭鉄工では人員の余裕もなく、コストもかけられません。

② 停止時間を正確に測定する手段がない　　設備の前で常に監視することができれば、正確な停止時間を計れるかもしれません。しかし前述の通り、実際は1人が10ラインを担当しているので、「気がついたら向こうのラインが止まっていた」ということがほとんどです。その結果、停止時間は担当者の勘で「およそ」をはじき出すのがせいぜいでした。また、記入漏れをチェックしたり

実際の停止時間と比較検証を行ったりする手段もありません。

③　**正確なサイクルタイムがわからない**　所定の時間帯の生産数を算出するには、各ラインで品番ごとの「サイクルタイム[02]」の把握が必要です。しかしサイクルタイムを計るには、人がラインに張り付いてストップウオッチで測定する必要があります。手間がかかるうえに、誤差や計測ミス、計測者の存在が作業者に影響を与えるなどのマイナス要因が解消できません。さらには、計測の手間からどうしても再測定の機会が減り、今現在の正確な数値がわからない状態でした。

(3)　人には付加価値の高い仕事をしてほしい

生産個数のカウンターを読んだり、停止時間を測定して記録したりする仕事自体には付加価値がありません。私は転籍以来、

「人には付加価値の高い仕事をしてほしい」

と言い続けてきました。人が関わるべきなのは、計測や記録から問題を発見し、その解決策を考え、実践することです。人的資源の限られている中小企業ではなおさらです。

そこで私たちは、「生産個数と停止時間の記録を自動化しよう」と考えました。

1.2　展示会やセミナーを見て回ってわかったこと

さて、私たちはここで、この「生産個数と停止時間の記録の自動化」という課題を「今流行りのIoTで解決できないか？」と考えました。

注01　第1章1.7(1)参照。
注02　製品が1個できる時間。

そこで、いろいろな展示会やセミナーに参加し、すでに市販されていたIoTシステムを見て回りました。

その結果、3つの問題があると感じました。

① 大掛かりで高い　ちょっとモニタリングしようとしても2000万円とか7000万円とかいう価格のシステムがほとんどで、当社のような中小企業には手が出ませんでした。しかも展示会などで私が「きれいに表示されていますけど、このデータってどう使うんですか？」と尋ねると、ベンダーからは「それが問題です」とか「一緒に考えましょう」とかいう答えしか返ってきません。これでは費用に見合いません。

② 「昭和の機械」には付けられない　当社では、生産設備の約50%を20年以上使用しており、さらにその半分は「昭和の機械」（つまり30年以上使用している機械）です。ところが、現在市販されているIoTシステムの多くは、最新の生産設備が対象なのです。インターネットなどなかった時代に製造された「昭和の機械」にはつながるはずもありません。とはいえ、IoTを使ったモニタリングのために生産設備を更新するなどは本末転倒です。

③ 欲しいデータが見えない　前述の通り、生産管理板記入のためには所定の時間割ごとの生産数や停止時間のデータが必要です。しかし、それらのデータが見えるシステムは市販されておらず、1日の進捗を折れ線グラフで表現したり、稼働や停止をガントチャート[03]で表したりするだけで、細かな確認のできないシステムが大半でした。つまり私たちの現場が必要とするデータを見るための市販システムがなかったのです。

II. 何を作り、どのように運用したか

1.3 第一世代「可動率モニター」の開発

(1) 「欲しいものを作れ」

このような理由から、私は当社の「ものづくり改革室[04]」メンバーに「欲しいものは自分たちで作ろう」と指示を出しました。

当社にはIT部門がなく、専門知識を持つ人材もいませんでした。しかし、バルブガイドライン[05]では正常／異常の信号がシグナルタワー(次頁写真1.1）に入っているのがわかっていたので、それを集計する「可動率[06]モニター」くらいなら自分たちの力でもなんとかなるだろうと考えました。

(2) 条件は３つ

システムを考えるにあたっての条件は以下の３つでした。

① 無線接続　　旭鉄工の経営者となるまで知らなかったのですが、業者に電気工事を依頼すると高額な費用がかかるうえに、工事のスケジュールが業者次第となるため遅れることがたびたびありました。したがってLANケーブルや延長ケーブルを敷設するといった大掛かりな電気工事を行わなくて済む無線接続の方法を選択しました。

② スマートフォン　　パソコンなどを専用端末として事務所に置く方法は採用しませんでした。コストが高いことと、データチェックを現場で行いたいためです。そこで、普及の著しいスマート

注03　棒グラフの一種。プロジェクトや作業などの工程管理に用いられる。
注04　第２章2.4参照。
注05　第１章1.7(1) 参照。
注06　機械設備を動かしたい時に正常に動かすことのできる度合い（%)。「かどうりつ」または「べきどうりつ」と読む。前述の「生産管理板」はこの可動率を「みえる化」する手段のひとつとも言える。

写真 1.1　シグナルタワー

フォンにデータを飛ばす方法を選択しました。こうすればコストを抑えることができると同時に、いつでもどこでもデータが確認できます。

③　クラウド　　すでに社内にはいくつかのサーバーが稼働していました。しかしながら、専用サーバーを用いるとなると、初期投資やメンテナンス費用がかかります。なおかつ投資分を回収しようとするとサーバーの使用を前提に物事を考えざるをえなくなります。今時そんなものを持つ必要はないだろうと考え、データはクラウド上に集めることにしました。

さらに、当時は特別に意識していませんでしたが、後に以下の点も考慮したことが成否に影響を及ぼしたことがわかりました[07]。

よって、後付けとなりますが、第４の条件も記しておきます。

④　データの種類を絞り込む　　当初から多くの種類のデータの収

集を前提にシステムを考えると、初期投資も運用コストも巨額になります。また目的なく収集したデータは、肝心な要素が抜けているということが往々にして起こり、その場合はすべてがムダになってしまいます。そのため、収集するデータの種類は、極力絞り込むこととしました。

(3) 生産設備からデータを取れ

前述の通り、正常／異常の信号が生産設備から出てシグナルタワーに入っていたので、電波モジュールを用いて、その信号を飛ばすことにしました。

シグナルタワーの配線を改造し、この電波モジュールを割り込ませます。電波モジュールを収める筐体は、3Dプリンターを使って製作しました。ところが、3Dプリンターで用いることのできる素材は高価で、しかも1個作るのに6時間もかかるという、たいへん不経済な代物でした。後から考えるとそんな筐体を専用で作る必要はなかったのですが……実践してみて初めてわかることがたくさんありました。

(4) ラズベリーパイを使え

電波モジュールで飛ばした信号は「ラズベリーパイ[08]」という教育用の小型PCで受信し（次頁写真1.2)、そこからインターネット経由でクラウドに上げるというしくみにしました。

「ラズベリーパイ」を用いたのは、安くできそうだという情報を小耳にはさんだからです。東京・秋葉原で本体と教本を購入し、教本を読みながらLEDを点滅させたりインターネットにつないでみたりと、試行錯誤を繰り返しました。

注07　第1章1.8(5)(iii)参照。

注08　英国ラズベリーパイ財団が開発したシングルボードコンピュータ。価格は数千円以下。2012年の発売以降、累計販売数は1100万台を超える。

写真 1.2　ラズベリーパイ

実は前述した電波モジュールも、これと同じ方法で使い方を習得しました。やってみれば意外に何とかなるものです。これも実践して初めてわかったことでした。

(5)　可動率モニターの完成

このような紆余曲折を経て、私たちの手による初めての IoT システム「可動率モニター」が完成しました。

システム概要は――生産設備から正常／異常の信号を取得し、その信号を電波モジュールでラズベリーパイを用いた受信機に飛ばし、そこでデータを集約してインターネット経由でクラウドに上げ、そのデータをスマートフォンで閲覧する、というものです（図 1.2)。

このシステムの大まかな構成は今でも変わりません。

図は 2014（平成 26）年末における、可動率モニターの実際のスマートフォンの表示です(図 1.3)。現場の時間帯に合わせて時間割(集計期間)を作っています。これにより、それぞれの期間における正確な可動時間と停止時間がわかるようになりました。

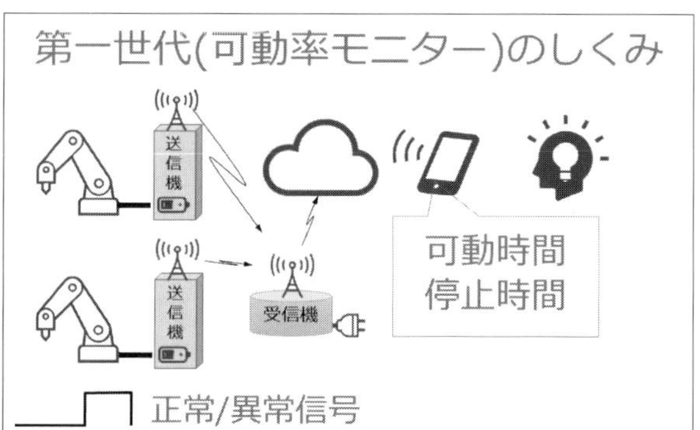

図 1.2　可動率モニターのしくみ

日付　開始　終了
2014年12月16日 5:27　10:48
総稼働秒　総可動秒　可動率(%)
14910　14848　99.6

集計期間	可動時間	停止時間	可動率(%)
5:30〜6:30	0:59:30	0:00:30	99.2
6:30〜7:30	1:00:00	0:00:00	100.0
7:40〜8:30	0:49:28	0:00:32	98.9
8:30〜9:35	1:05:00	0:00:00	100.0
10:35〜11:25	0:13:30	0:36:30	27.0

図 1.3　可動率モニターの表示

1.4　みえただけでは解決しない――IoT システムの運用

(1)　IoT = IT + OT（運用）

「みえない問題は解決しない」とはよく言われます。よって、最近は「みえる化」がたいへん重要視されています。しかし、「みえただけ」では何も解決したことになりません。生産管理板を作ろうが、可動率モニターを作ろうが、この段階で止まってしまっては何もしないのと同じなのです。

重要なのは、「みえた課題」をいかに解決に結びつけるかです。

従来、この点の重要性はあまり考えられていませんでした[09]。しかし当社では、システム開発当初より、この点がIoT化の要点であると考えていました。

つまり、

IoT ＝ IT（Information Technology）＋ OT（Operation Technology）

です。運用（Operation）を考慮しないIoTなど考えられません。

(2) ラインストップミーティング

私たちは運用の核に「ラインストップミーティング」を据えました（写真1.3)。1日1回、部長などの責任者を中心とする関係者が現場に集まり、停止の原因は何か、それは誰がいつどのように対策するか、実施済の対策効果はどうか、再発はないか、といったことについて議論し、対策を練る――これがラインストップミーティングです。

口で言うのは簡単ですが、定着するにはたいへんな時間がかかりました。

なぜなら、当初は問題が多すぎて、毎日2時間もラインストップミーティングをやらざるをえない日々が続いたからです。

(ⅰ) 提出された問題に粘り強く対応する　「ミーティング」と同時に、現場の社員が問題点などの情報を記入するように決めたのですが、「書いてもどうせ何もしてくれない」と思われてしまうと誰も決まりを守らなくなります。そうならないようにラインストップミーティングで提出された問題点は、粘り強く、地道に改善していくように心がけました。軌道に乗るまでは、現場の社員全員がたいへんな苦労を重ねたのです。

(ⅱ) 大切なのは毎日実施すること　このラインストップミーティングは、毎日実施することが大切です。なぜなら、1週間に1回程

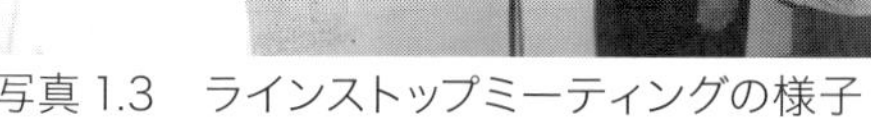

写真 1.3　ラインストップミーティングの様子

度では、現場で起こった問題についてくわしく覚えていないからです。たとえば「先週の金曜日の 15 時にラインが止まった原因は何？」と尋ねられて、詳細まで覚えている人がいったい何人いるでしょうか。

（iii）　データは貯めない　　データは新鮮なうちに使うのが大切です。1ヶ月分のデータを蓄積したところで、どんな意味があるか定かではない統計処理を加えて、もっともらしい数字を出してそれで終わり、というのが関の山だからです。当社の製造部長は「3 日前のデータは不要」と断言しています。

もちろん、機械学習の教師データとして使いたい、といった場合はデータを貯めることが必要になります。しかし、それは日常の改善活動とは別の話になります。

（iv）「ミーティング」は現場で行う　　このラインストップミーティングは必ず現場で実施します。会議室等で行ってはいけません。なぜなら、得られたデータや問題点を、現地で現物と照らし合わせることが、解決への近道だからです。

（v）　ボードの設置　　旭鉄工では製造ラインの横に改善活動の

注 09　第 1 章 1.2 ①参照。

写真 1.4 「あんどん」システム

ボードを設置しています。そこには「目標」と「現状」、「各種 KPI[10]」が掲示されています。現場でこのボードを前に「ミーティング」を行うのです。

このように IoT の活用は、「デジタル技術を用いたアナログな活動」により人間の知恵と行動を引き出す手段だと心がけました。

1.5 「i スマートあんどん」の開発

(1) 機能していなかった「あんどん」システム

製造現場では長年、別の問題にも悩まされていました。

それは「生産設備の停止をすぐに把握できない」ということです。

この問題を解決するべく、一部の現場には、通称「あんどん」と呼ばれる「生産設備の異常を工場内に報知するシステム」が存在していました（写真 1.4）。しかし、写真のシステムで 350 ～ 500 万円と高価であったため、導入が一部にとどまっていただけでなく、設置や設定に手間と費用がかかるため、工場内のレイアウト変更をきっかけに使われなくなった「あんどん」が多数ありました。

「あんどん」が高価である理由は３つありました。

① 専用表示端末　写真の通り、それぞれのライン名や表示内容などに合わせて設計しカスタマイズするのが普通で、汎用性が低く、レイアウト変更時などの際は、再カスタマイズせざるをえない

② 有線接続　有線方式なので電気工事費が高い

③ 高所作業　「あんどん」は通常、工場内の多くの場所からみえるようにするため、天井近くに設置される。これも工事費がかさむ原因となる

(2) 「あんどん」のIoT化を目指す

そこで当社では、前述の「可動率モニター[11]」で培った無線の技術を用いて、「iスマートあんどん」を自作することにしました。

基本概要は「生産設備から正常／異常の信号を取得し、その信号を電波モジュールでラズベリーパイを使った受信機に飛ばし、その受信機にモニターをつなげて情報を一覧表示する」というものです。

これに加え、今回は「計画停止」「段替え中」「処置中」などといった「異常停止」以外のシステムの状態を表示する必要がありました。そのために「ロータリースイッチ[12]」を取り付け、これらの「システムの状態」を選択できるようにしました。

モニターは1万5000円程度の安価な汎用モニターを複数台使用します。以前のように高い場所に置くのではなく、通常の高さを確保すれば十分だと考えました。これらの工夫により、30～50万円程度の費用で、「iスマートあんどん」が構築できるようになりました。

なお、工場内のようにミストが多い場合、一般的には高価な防塵タイ

注10　Key Performance Indicatorの略。重要経営指標などと呼ばれる。目標達成に向かってプロセスが適切に実施されているかを示す。
注11　第1章1.3参照。
注12　円柱の操作軸に多数の端子が付いており、これを回すことで多極を切り替えることのできるスイッチ。「回す」テレビのチャンネルが典型。

プのモニターを使用します。しかし、当社では費用対効果を考慮して、通常タイプのモニターを使用しました。現在まで壊れたものはありません。

III. 開発したIoTシステムをどのように深化させたのか

1.6 第二世代「サイクルタイムモニター」の開発

(1) 「時間当たり出来高」にこだわれ

トヨタ生産方式でもっとも嫌われるムダは「作りすぎのムダ」です。売れない製品をたくさん作っても会社に損害を与えるだけだからです。売れるペースに合わせて製品を生産するのが基本なのです。

しかしながら、中小企業は自分たちで生産数を決定できるわけではありません。注文が来たらそれに応じなければならないのです。その注文数も一定ではなく、多少の波があるのが普通です。注文が多い時にはしっかりそれに応えなければなりません。かといって、注文の多い時期に合わせて生産設備を導入してしまうと、注文が減った時には困ってしまいます。

この矛盾する2つの課題を解決するために、私たちは、「時間当たり出来高をアップする」ことを目標にしました。

このことによって得られる効果は3つあります。

① 労務費の削減　　定時内に作ることができないほどの注文が来た場合は社員を残業させて応じなければなりません。しかし、時間当たり出来高を向上させれば、ある程度まで定時内で対応できるはずです。そうなれば残業代（労務費）の削減につながります。

② 設備投資の抑制　　残業しても応じきれない注文に対しては通常、設備の増設で対応します。そうすると設備投資はもちろん、

工場スペースも必要になります（③）。しかしながら、現有設備でも時間当たり出来高を向上させれば、これらの投資が不要になります。

③　工場スペースの節約　　②であげた例だけでなく、既存の製造ラインの時間当たり出来高を向上させることができれば、ライン数の削減につながり、工場スペースの節約が可能になります。

当社ではこれまで「時間当たり出来高」へのこだわりが不十分だったため、前述の３点においてムダなコストを費消することが何度もありました。つまり、改善の余地が大いにあったというわけです。

そこで、製造ラインの問題点を発見し、対策を講じ、結果を確認して、次のアクションにつなげるという「PDCA サイクル」を回し、「時間当たり出来高のアップ」を達成することが新たな目標となりました。

カギとなったのは、やはり「IoT」の利用です。

（ｉ）　サイクルタイムがばらついている　　前述したように、第一世代の「可動率モニター[13]」で得られたデータを「ラインストップミーティング」に活用することで、ムダな停止時間を大きく減らすことができました。しかし今度は「生産個数」が足りないという問題が発生しました。

「生産個数」は次の式で決まります。

生産個数＝ラインが稼働した時間÷サイクルタイム[14]

したがって、可動率モニターによって「ラインが稼働した時間」を管理するだけでは、生産個数を管理することはできません。そして調査を

注 13　第 1 章 1.3 参照。
注 14　第 1 章注 02 参照。

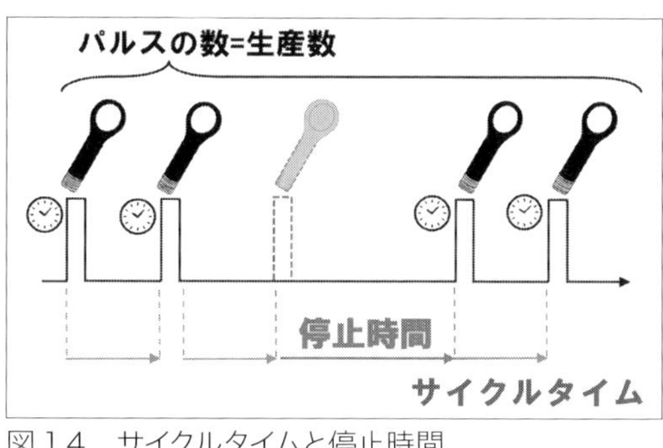

図 1.4　サイクルタイムと停止時間

してみるとやはり、この「サイクルタイムがばらついている」ことが、生産個数が足りなくなる原因だと判明しました。

「IoT 化」の次なる目標は、「サイクルタイムをモニターできるシステム」の開発に決まりました。

（ⅱ）　パルスを発信させカウントするシステム　システムの構想はすぐにまとまりました。製品が 1 個できるごとにパルスを出し、デジタル・タイムスタンプ[15]を捺すようにすればいいのです。パルスの数が生産個数になり、通常の間隔でパルスが来ている時間はサイクルタイム、来るはずのパルスが来なければ停止とみなすことができます（図 1.4）。

（ⅲ）　費用を安価に抑える工夫とは　問題はパルスを発信する方法です。生産技術出身の社員からは「PLC[16]を購入して設備に取り付けパルスを出す」という提案がありました。

しかし、以下のような理由でこの提案を却下しました。

① 約 15 万円と高価
② 設備の改造が必要
③ 「昭和の機械」（＝古い設備）には対応していない

そこで前回同様に、東京・秋葉原で適当なセンサーを購入し、試作をすることにしました。全38種類のセンサーを購入しましたが、それでも大した金額にはなりませんでした。

余談ですが、こうした機会で、私たちが大事にしている基準のひとつは「面白いかどうか」です。結果として役に立たなくても構いません。「それ、面白い発想だな！」とほめることもあります。最近ではドローンを購入して製造工程を撮影することにトライしていた社員がいました。実用化できる確率は高くないだろうと踏んでいましたが、「面白いからOKだ！」と励ましました。社員からすばらしい発想を引き出すには、一見、ムダに見える発想を大切にしてあげることが必要です。

(iv) センサーを生産設備に割り込ませない　センサーの取り付けにあたっては「センサーが設備に割り込まない」ことを前提にしました。

前述のように第一世代の「可動率モニター」では正常／異常の信号が生産設備本体からシグナルタワーに出ていたので、その配線に電波モジュールを割り込ませていました[17]。このシグナルタワーにかかる電圧には、直流24V、交流100Vおよび200Vの3種類があり、それに合わせて電波モジュールの回路も3種類が必要でした。

ところがある時、電圧を間違え、電波モジュールが壊れるという事故が起きました。この時は生産設備に影響しませんでしたが、そのリスクは無視できないと改めて認識したのです。

そこで、この第二世代以降は、IoT化のためのモジュール等を生産設備に割り込ませないようにしました。

こうすれば、IoTシステムがトラブルを起こしても、生産個数がみえなくなるだけで生産設備は停止しません。さらには万が一、外部からハッ

注15　コンピュータに出来事が記録された時刻を記録すること。
注16　Programmable Logic Controllerの略。リレー回路の代替装置として開発された制御装置。
注17　第1章1.3(3)参照。

写真 1.5　リードスイッチ

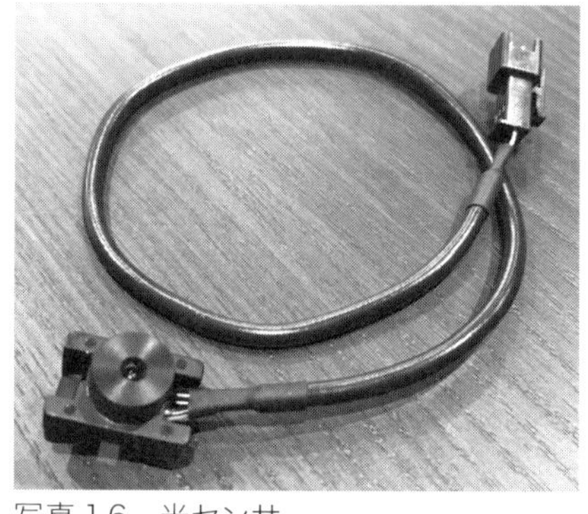
写真 1.6　光センサー

キングされたとしても、生産設備を制御される心配もありません。

（v）パルスの取り方は３種類　現在、「製品が１個できるごとにパルスを発信する」方法は、以下の①〜③の３種類を用いています。これらを生産設備の特質に合わせて使い分けます。

① リードスイッチ（写真 1.5）　窓や扉の開閉確認等によく使われているものです。一方がセンサー、もう一方が磁石になっています。センサーに磁石が近づくとパルスを生成します。普通は静的に使うセンサーを動的に使用するわけです。生産設備の安全扉や各種シリンダー、搬送部分などといった、製品が１個できるタイミングで動きのある部分に両面テープ等で貼り付けます。

② 光センサー（写真 1.6）　照度が高くなった瞬間をとらえてパルスを生成します。製品が１個できるたびにシグナルタワーのランプが点灯／消灯する場合は、そのランプの表面にタイラップ[18]などで結びつけて固定します。また設備や製品の動きで照度に変化のある箇所があれば、そこに設置する場合もあります。

③ 生産設備からの直接出力　①や②がむずかしい場合は、例外

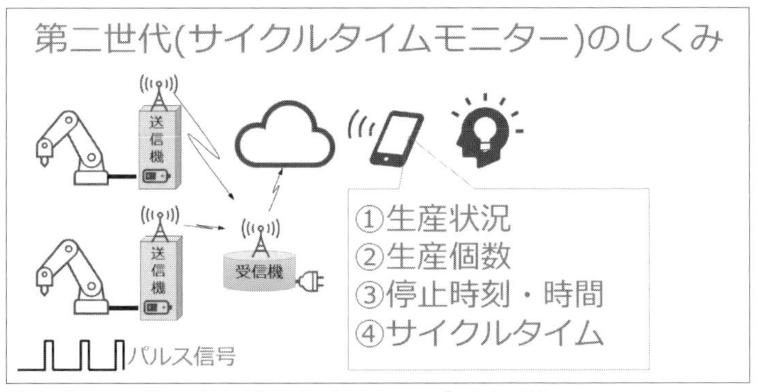

図 1.5　第二世代（サイクルタイムモニター）のしくみ

として生産設備に備えられている生産数カウンターなどからのパルスを直接入力することも検討します。

④　その他のセンサー　　東京・秋葉原で購入した 38 種類のセンサーのうち、近接スイッチその他が使用可能であると確認済です。しかし現時点では、前述の①〜③ですべてのケースに対応しています。

(vi)「サイクルタイムモニター」の完成　　こうした経緯で、私たちの IoT にとって第二世代である「サイクルタイムモニター」が完成しました（図 1.5）。

第一世代との一番大きな違いは、第一世代の「可動率モニター」が正常か異常かの On ／ Off 信号だったのに対し、この第二世代の「サイクルタイムモニター」では、製品ができるたびにパルス信号を生成するようになった点です。

(vii)「みえるもの」が増えた　　さて、第一世代の「可動率モニ

注 18　結束バンドの商品名（トーマスアンドベッツ社の製品）。

ター」では「可動時間」と「停止時間」を「みえる化」することができました。この第二世代の「サイクルタイムモニター」では、

①　生産状況（稼働／停止）
②　生産個数／可動率（出来高率）
③　停止時刻・時間（長いもの順）
④　サイクルタイム（全サイクルピッチ）

というように、より多くの要素を「みえる化」することが可能になりました。

すると、これまで気がつかなかったことがみえるようになりました。

(viii)　気づき　　①　朝30分のロス　　2015（平成27）年初頭の時点で、旭鉄工の西尾工場には「牽引フック」を作っているラインが6ラインありました。さらに、お客様からいただいた生産計画の求める生産量から計算すると、今後は2ラインを増設して合計8ラインが必要になるはずでした。

ところが、既存の6ラインに、さっそくこの「サイクルタイムモニター」を設置したところ、稼働開始が朝5時30分であるにもかかわらず、どのラインでも、おおむね6時頃にならないと製品が出てこないことがわかりました。

30分で6ラインですから、1ラインの180分（3時間）相当です。これほど大きなロスも、IoT化なしでは気づくことができなかったわけです。この結果をふまえ、現在では朝の生産設備起動を工夫し、2～3分程度のロスで済ませることができるようになりました。

②　遅くなっても気がつかない　　アルミダイキャストのラインに「サイクルタイムモニター」を付けた日のことです。測定したサイクルタイムは42秒でした。

担当者は「そんなはずはない。このラインは39秒です」と言いますが、試しにストップウオッチで計るとやはり42秒でした。

くわしく調べてみると、ダイキャスト型に離型剤を吹きかけるスプレーを上下動させる機械の調子が悪く、その結果3秒のロスが発生していたことがわかりました。

どんぶり勘定ではこういう気づきは生まれません。装備早々、さっそくシステムの利点が発揮された出来事でした。

③　勘とは2割も違う　原価計算や製造計画作成時にどれくらいの製造時間（工数）がかかるかを計算するにあたっては、「可動率」が必要です。

しかし私たちは、このラインごとのくわしい可動率を把握しておらず、だいたい85%だろうと想定して、原価計算や製造計画作成を行っていました。

ところがこの「サイクルタイムモニター」で計測すると、当社ラインの可動率はせいぜい70%程度であることがわかりました。2割も異なっていたのです。これでは月々の生産の工数予測や見積もりが不正確になるのは当然です。

④　同じものを作っているのに？　当社には「リヤカバー」の製造ラインが2ラインありましたが、社員から「今後生産要望が増える予定なのでラインをもうひとつ増やしたい」との要望が出ていました。

そこで事前調査として「サイクルタイムモニター」でその2ラインのタイムサイクルを計測したところ、同じ製品を製造しているのに1号機は88秒、2号機は62秒と大きく異なることがわかりました。

原因は、製造機械の「スピンドル」という部分でした。ひとつの機械に2つあるのですが、1号機は2つを同時に使うと部品精度が悪化するという問題が発生しており、ひとつずつしか使うことができなかったのです。

写真 1.7　1号機直径80mm

写真 1.8　2号機直径190mm

さらに調べてみると、1号機と2号機とでは、床と設備の間にある「シーティングブロック」という土台が違っていることがわかりました。床に接する部分の直径が、1号機は80mm、2号機は190mmだったのです（写真1.7、1.8）。床面が老朽化していたため、シーティングブロックが小さいと面圧を受けきれずに機械が大きく揺れてしまい、2つのスピンドルによる同時加工ができなかったのです。

1号機のこの部分を修理すると、2号機並みの「サイクルタイム」を確保できました。

⑤「オーバーライド」が入ったまま　牽引フックライン[19]の中でも最新のFラインのプログラムを調べた際には、生産設備の動作を80%の速さに抑える「オーバーライド」という機能が入ったままで生産を行っていたというミスを発見することができました。

「時間当たり出来高」に対する意識が低く基本的なチェックすら行われていなかったのです。IoT化によって勘ではなく数値によってラインの状態を把握できるようになった結果、本来の性能との明確な比較ができるようになり、こうしたケアレスミスにも気づくことができるように

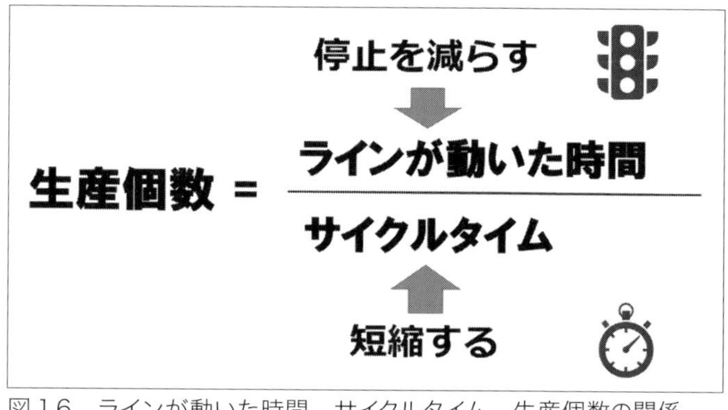

図 1.6　ラインが動いた時間、サイクルタイム、生産個数の関係

なりました。

(2)　浮き彫りになった２つの課題

(ⅰ)「停止時間の短縮」か「サイクルタイムの短縮」をせよ　「生産個数」は、「ラインが動いた時間÷サイクルタイム」で求めることができます。さらに、「ラインが動いた時間」を長くするには、「停止時間の短縮」あるいは「サイクルタイムの短縮」を行えばよいことになります。

つまり、「生産個数を増やす」には「停止時間の短縮」か「サイクルタイムの短縮」ができればよいのです（図 1.6）。

(ⅱ)「停止時間の短縮」は長いものから順に取り組む　さて、「サイクルタイムモニター」では、時間帯別・直別・日別に、停止時間の長いほうから５つ表示されるようにしました（次頁図 1.7）。

前述の「ラインストップミーティング」では、このデータを確認した後に、停止時間の長いものから順番に、監督者や作業者に対して聞き込

注 19　第 1 章 1.6(1)(ⅷ) および 1.7(2) 参照。

CTモニタ詳細

Aライン / A-06

2018/04/06 05:00:00 ～ 2018/04/06 14:30:00

停止要因情報

ランク	発生時刻	復旧時刻	停止時間	状態
1	09:31:44	10:26:28	54:44	設備停止
2	07:10:55	07:43:17	32:22	設備停止
3	10:44:51	11:00:08	15:17	設備停止
4	11:20:14	11:34:19	14:05	設備停止
5	09:20:19	09:31:44	11:25	設備停止

図 1.7　サイクルタイムモニターの表示

みを行い、対策を講じます。段替えが長ければ段替え時間を短縮しますし、刃具交換が多いなら刃具寿命延長や交換時間短縮、頻発停止があるなら停止要因撲滅を目指します。

停止時刻・時間の把握を IoT 化しても、改善の知恵を出すのはあくまで人間です。「地道に」「徹底的に」「できるまで」やります。

(iii) 「サイクルタイムの短縮」は加工に関係のない部分から

「サイクルタイムの短縮」は、通常のトヨタ生産方式における改善活動と同様に、品質に影響を及ぼさないよう扉の開閉やロボットの動きなど加工に関係のない部分から改善していきます。

これには、タイマーの短縮やロボットの軌跡短縮、ロボット原点位置の変更などいろいろな方法があります。ラインにおける人の動作も、同じような発想で短縮できます。足の動き、手の動き、目線。短縮ではなく動作そのものを廃止できる場合もあります。

(iv) 「人は測らない」　改善活動を進めるには「現状把握→検討→改善」というサイクルを回す必要があります。

しかし当社の場合、以前は「現状把握」の段階で息切れしてしまうこ

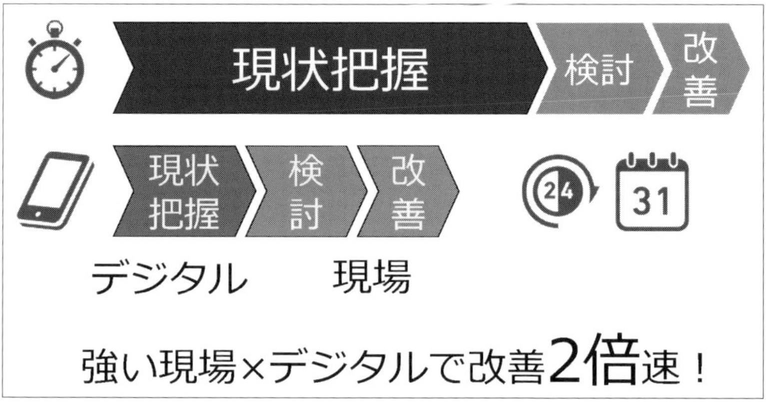

現状把握
検討
改善
現状把握
検討
改善
デジタル　現場
強い現場×デジタルで改善2倍速！

図 1.8　現状把握の負担軽減と時間短縮による改善スピードのアップ

とが頻繁に起きました。

ところが、このIoTシステムによって生産個数、停止時刻・時間、サイクルタイムが24時間365日自動で測定できるようになったことで、「現状把握」におけるデータ収集の負担が大幅に軽減され、なおかつ改善の結果もすぐに定量的に確認できるようになりました。

その結果、「検討→改善」がスピーディーになり、改善サイクルが速く回せるようになりました（図 1.8)。

Ⅳ. IoT化で何が実現できたのか

1.7　当社における成果例のまとめ

(1)　バルブガイドライン

バルブガイドとは、自動車のエンジンのシリンダーヘッドに使われる円筒状の部品です（次頁写真 1.9)。当社では創業時から製造している主力製品で、鋳鉄もしくは焼結で生産された粗材の穴あけ、端面と外形の

写真 1.9　バルブガイド

切削等を担当しています。多い時は1日に45万本を生産。トヨタ自動車国内生産分の約90%を、当社が供給しています。

品番によって異なりますが「サイクルタイム」は4.2秒前後、ライン数は全部で17ありました。しかし、この生産能力では注文数を達成できないことが考えられたため、2ラインの増設と、それに伴って300㎡以上の広いスペースという大きな投資が必要な状況でした。

私が旭鉄工へ転籍した2013年頃は、ラインが停止した際でもすぐに異常処置ができず、処置が終わる前に違うラインに異常が発生して停止してしまうようなことが頻繁に起きていました。

さらには、こうした事態を重く受け止め、私がサイクルタイムを短縮したいと提案しても「昔やったけれどできなかった」とか「品質に影響するから」という答えが返ってくるばかりで、意識も士気も高くありませんでした。

「サイクルタイムモニター[20]」の開発と利用は、そのような状況下で開始されました。その後、製造部長をリーダーとする職制中心に行われた「ラインストップミーティング[21]」を地道に続けることで、IoT化の

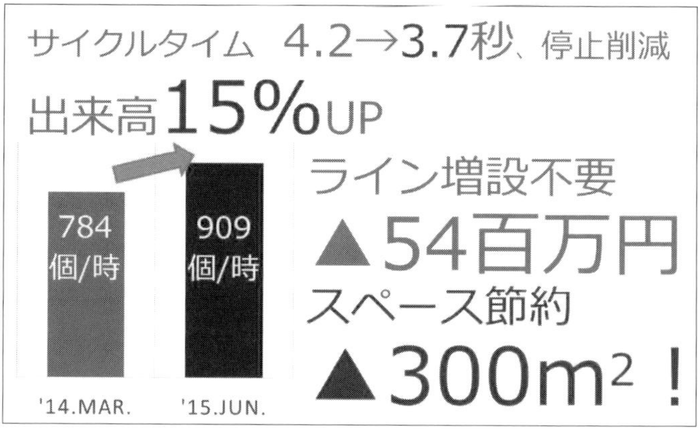

サイクルタイム　4.2→3.7秒、停止削減
出来高15%UP
784 個/時
909 個/時
'14.MAR.
'15.JUN.
ライン増設不要
▲54百万円
スペース節約
▲300m2！

図 1.9　バルブガイド生産工程の改善成果

利点を十二分に利用することができ、大きな成果を得ました。

現在では異常による停止そのものが減少するとともに、「i スマートあんどん[22]」が異常を知らせると、すぐに職制が来て、ラインを復帰させることができるようになりました。サイクルタイムは4.2秒から3.7秒、品番によっては3.2秒まで短縮しました。当然、品質を落とさずにサイクルタイムを短縮する手段を工程に多く入れ込みました[23]。

その結果、2015年2月から2016（平成28）年5月にかけて、時間当たり出来高を15％向上させることに成功し、これによって、2ラインを増設しなくても注文に対応できる目処が立ったことで、予定していた5400万円の設備投資および300㎡超のスペース使用を中止できました（図1.9）。なお、2018年にはサイクルタイムが2.9秒台にまで短縮したラインも出てきました。

注20　第1章1.6参照。
注21　第1章1.4(2)参照。
注22　第1章1.5参照。
注23　第1章1.6(2)(iii)参照。

(2) 牽引フックライン[24]

牽引フックラインでも、「バルブガイドライン」同様に設備増設の要望が現場からありました。「現状の6ラインでは足りなくなるから2ライン増やして8ラインにしたい」というものでした。2ラインを増設するとなると、「1ライン当たり7000万円×2＝1億4000万円」の設備投資および100㎡の工場スペースが必要でした。

中小企業にとっては大きな投資です。これを再検討するために、IoTシステムの力を借りることにしました。

「サイクルタイムモニター」の導入は2015年3月中旬でした。当初の「時間当たり出来高[25]」は107個程度。100個未満であることもしばしばでした。しかし私は、「時間当たり出来高」の暫定目標を150個に設定しました。さらに、最新設備のFラインについては、2割増しの180個を目標にしました。

ほとんどの社員は、口にこそ出しませんでしたが、「できるわけない」が本音だったようです。

（i）「俺、毎日行くからな」　約1ヶ月が経過した大型連休前のことです。どうも改善が思ったように進んでいない様子でした。

「このままでは、やはり設備増設が必要だと言い出すだろう」

そう思った私は、

「俺、毎日行くからな」

と宣言し、出張時以外は、朝9時から現場で行われる「ラインストップミーティング」に毎日出席しました。

出席した私が行ったのは、ミーティングの監督ではなく、社員同様に改善のアイデアを出すことでした。大切なのは、抽象的な命令や理想論を振りかざして社員をうんざりさせることではなく、具体的なアイデアを出すこと、つまりみんなで知恵を出し合うことを経営者みずからが示すことでした。すると、社員からも少しずつアイデアが出るようになってきました。改善が前に進み出したのです。

私は生産技術に関しては素人です。だからといって、臆することはないと考えました。どんな現場でも作業に慣れるにしたがって「現状が当たり前」という意識に陥りがちだからです。そうした現状に素朴な疑問を投げかけ、改善の糸口を見つけたり、品質に関係のない動作のムダなどを発見したりする[26]のは、素人のほうが適しているのです。

たとえば、ここは自動ラインでしたから、

① ロボットの動きを直線的にする　「なぜ真横に動いてから真下に動く？　斜めにショートカットできるよね？」

② ロボットの動きを滑らかにする　「動く方向が変わる時の一旦停止が長い。動作確認のタイマーが長すぎるのでは？」

③ ロボットの待機位置を変える　「旋盤の扉が開くのをロボットが待っている待機位置が遠い。扉のギリギリ近くで待てば、その分早く旋盤に入ることができる」

④ 扉の開く範囲を縮小する　「旋盤の扉が大きく開きすぎる。ロボットが入ることのできる最低限の幅にまで減らせば、その分早く旋盤に入ることができる」

私は素人なりにこのようなアイデアをミーティングで提案しました。

(ⅱ)「だいたい同じってなんだ?」　このラインには旋盤が2台ありました。2台は同じ能力のはずでした。しかし一方の動作が遅い。そこで、担当エンジニアにプログラムの比較を依頼しました。

しかし返ってきた答えは「だいたい同じです」。

注24　第1章1.6(1)(ⅷ)参照。
注25　第1章1.6(1)参照。
注26　第1章1.6(2)(ⅲ)参照。

そんな曖昧な答えが許されていいわけがありません。そこで、プログラムをすべてプリントアウトして比較したところ、やはり違いがありました。比較結果をふまえ、動作の速い旋盤のプログラムに合わせたところ、遅かった旋盤の動作は２秒も改善しました。

（ⅲ） 自分たちでやれば改善スピードとレベルが向上する　改善活動を始めた当初、私たちは自分たちでロボットのプログラムを変更することができませんでした。やむをえず業者に依頼していたのですが、費用や時間が馬鹿になりませんし、限界近くまで追い込むこともしません。そこで、自分たちでプログラムを学び、修正を自分たちで行うようにしました。

すると、改善スピードが上がっただけでなく、レベルも向上しました。もちろん費用も安価に済ませることができました。

（ⅳ） 「切り粉巻き」をゼロにするには？　牽引フックの生産には、粗材の先端にネジを切る工程があります。その前処理として旋盤で切削を行わなければならないのですが、その際に切り粉が粗材に巻き付く「切り粉巻き」という現象が発生し、ラインが停止する原因となっていました。圧縮空気を吹き付けて飛ばすなどの対策を施していましたが、ゼロにはできませんでした。

「時間当たり出来高」の高い目標をクリアするために、何としても切り粉巻きをゼロにしなければなりません。すると、思いもよらなかった方策を現場が編み出してくれました。

それは、ロボットがワークを移動する経路に金属ブラシを設置し、切り粉をからめとるという方法です（写真 1.10）。これにより、切り粉巻きをゼロにすることができました。

高い目標のクリアに向けてみんなで知恵を絞った結果です。

この方法は他の箇所にも応用することができました。マシニングセンターを用いた加工の際に必ず発生していたバリです。これを人の手で

写真 1.10　現場の工夫が切り粉巻きによるトラブルをゼロにした

削っていたので、時間の大きなロスが生じていました。

そこで前述の方法同様に、マシニングセンターの中にブラシを設置し、この問題を解決しました（次頁写真 1.11、1.12）。

（v）　目標と現状のギャップを明確にする　このような改善活動を行う際には「目標と現状とのギャップを明確にする」ことが重要です。当社ではモチベーションアップも兼ねて、6つのラインの「時間当たり出来高の1時間当たり最大値」と「時間当たり出来高と可動率との日当たり最大値」および、それらの「日付」を記入した一覧表を、現場に貼り出しました（次頁写真 1.13）。

これなら、目標に対し今どこまで来ているかという改善の進捗状況がすぐにわかります。

写真 1.13 は 2015 年 5 月 19 日の一覧表です。時間当たり出来高の1時間当たり最大値は 150 個程度、日当たり最大値もせいぜい 140 個弱でした。それが現在（2018 年執筆時）では最大値 230 個レベルまで向上させることができました。

写真 1.11　マシニングセンターのバリはやすりで削っていた

写真 1.12　切り粉巻き問題を解決したブラシでの方法を応用した

生産実力最大値一覧

	1時間当たり最大値							
	時間当り出来高		日付	時間当り出来高		日付	可動率		日付
A	133	個/h	5/18	112.6	個/h	4/17	83.6	%	4/17
B	150	個/h	5/12	132.8	個/h	5/12	91.5	%	5/12
C	132	個/h	4/3	85.4	個/h	4/23	80.7	%	4/23
D	153	個/h	5/12	129.8	個/h	5/12	95.2	%	5/12
E	149	個/h	5/15	136.9	個/h	5/13	91.3	%	5/13
F	132	個/h	5/18	109	個/h	4/23	84.2	%	4/23

暫定目標：　時間当たり出来高　150個/h　　可動率　90%

新設したんだから 180個/h 叩き出せ！

写真 1.13　モチベーションアップのための一覧表を貼り出した

写真 1.13 の 1 番下に、私が記した「新設したんだから 180 個／h　叩き出せ！」という文字が見えるでしょうか。その時から考えると、現状はまさに隔世の感があります。

すでにこのボードは使用していません。前述の目的に合わせた、さらに進化した手段を用いています。

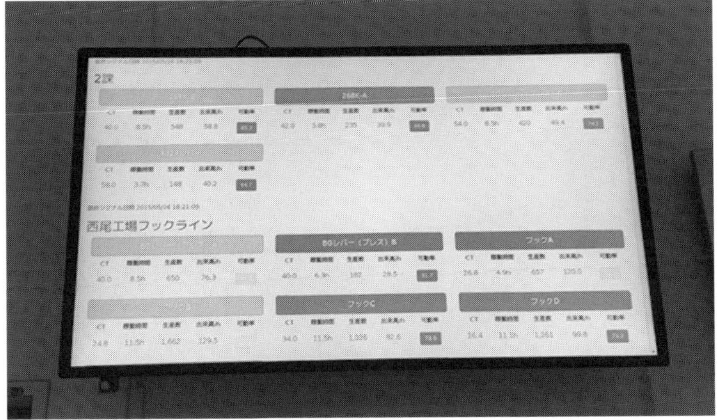

写真 1.14　サイクルタイムモニターの一覧表示画面を設置した

（vi）　嫌がっても表示せよ　　また、工場一階の入り口付近には、サイクルタイムモニターの一覧表示画面を設置しました（写真 1.14）。

生産状況をリアルタイムで把握していることのアピール、社員のモチベーションアップ、さらに新しいことに取り組んでいるという雰囲気を社内で醸成するためです。

ラインの成績が悪いと「赤」で表示されるため、当初は嫌がる人もいましたが、その悔しさを改善につなげてほしいとの思いから粘り強く続けた結果、しばらくするとクレームも出なくなりました。

ただし、モニタリング対象ラインが 140 以上と増え、さらにはシステムの認知度が向上したため、現在はこの場所では使用していません。

（vii）　独断と偏見の社長表彰　　当社では、毎年 1 月初旬に碧南（へきなん）本社工場と西尾工場のそれぞれで全従業員による会合があります。

そこで、2016 年 1 月からは社長表彰を行うことにしました。私の思い付きであり、基準も曖昧でしたが、「俺が独断と偏見で決める」と宣言して実行に移しました。

この試みのように、私は「完璧でなくてもとにかくやってみる。ダメ

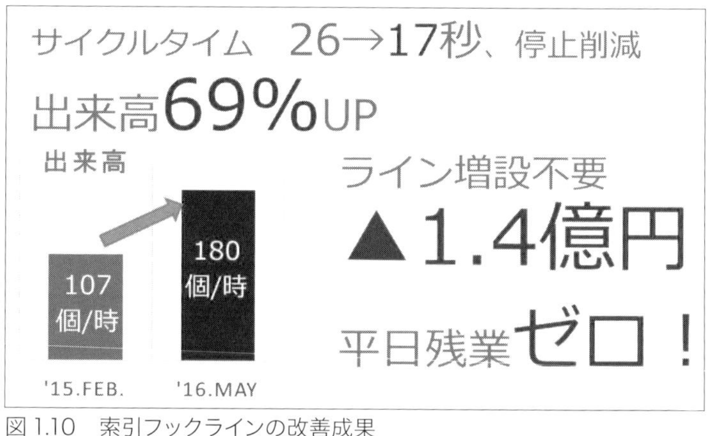

図 1.10　索引フックラインの改善成果

ならもとに戻すかやめればいい」といつも考えています。

第１回の社長表彰受賞者には、碧南本社工場において、バルブガイドの改善リーダーを務め大きな成果をあげた製造部長、そして西尾工場において、索引フックラインの改善リーダーを務めた係長を選びました。

これには思わぬ副産物がありました。

表彰された２人に他の社員が受賞理由を尋ねてきたのです。

この過程を通じて、私の求めていることが社内中に広まり、多くの部門から「私たちのラインにも IoT システムを装備してほしい」という要望が寄せられるようになりました。

しかしここで表彰の趣旨を勘違いされては困ります。

顕彰したかったのは「IoT システムを導入したこと」ではなく、「未経験の分野に挑戦し、努力し、成果をあげた人」だからです。そこで翌年は、生産現場だけでなく間接部門からも受賞者を選びました。

このように改善を進めたことで 2015 年２月から 2016 年５月の 15 ヶ月で、時間当たり出来高を 69%向上させることに成功し、これに

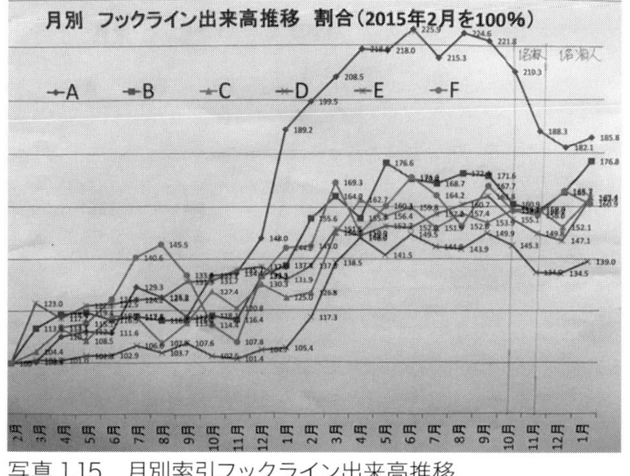

写真 1.15　月別索引フックライン出来高推移

よって２ライン増設（約 1.4 億円の設備投資）の中止と、社員の休日出勤を廃止することができました（図 1.10）。

（viii）「ああ、また上げますよ」　前述の成果を時系列で表現すると上のグラフになります（写真 1.15）。

これを見ると、2016 年 11 月以降は、時間当たり出来高が下がっていることがわかると思います。

改善活動が後退したわけではなく、「時間当たり出来高」をこれ以上向上させても定時割れ[27]するだけなので、次は担当者を６名から４名に減らしても同じ生産数を維持できるように生産性を向上させようという、新しいフェーズに移行したからです。

私が「（時間当たり出来高が）ちょっと下がったね」と改善リーダーに声をかけると「ああ、また上げますよ」と彼は答えてくれました。IoT を利用した改善活動が著しい成果をあげたことで自信をつけてくれたのです。

注 27　定時より短い時間で注文数の製造を終えてしまうこと。

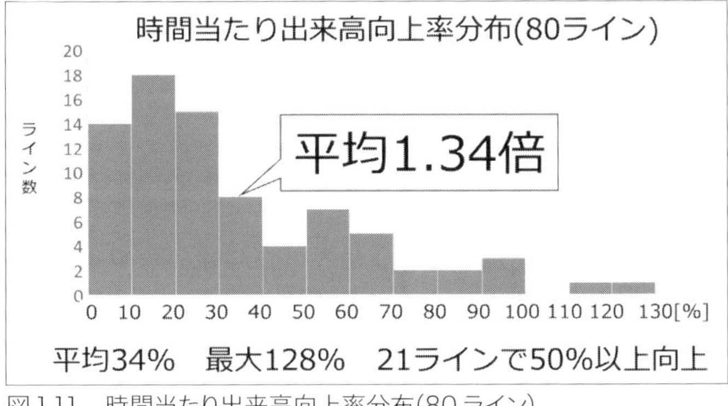

図 1.11　時間当たり出来高向上率分布(80 ライン)

1.8　これまでの全社での効果

(1)　80 ラインの「時間当たり出来高」向上率

2018（平成 30）年 1 月現在、旭鉄工では約 140 の製造ラインにおいてモニタリングを実施しています。

このうち 80 ラインでの改善効果を整理したのが、上のヒストグラムです（図 1.11）。

横軸に時間当たり出来高の向上率［%］、縦軸にライン数をプロットしました。たとえば、10 ～ 20%の出来高向上を達成したライン数は 18 ライン、120 ～ 130%の向上を実現したラインは 1 ライン、という意味になります。

80 ラインの平均向上率は 34%でした。これほど大きな改善効果を出せる会社はめったにないはずです。しかもこれは数字で明確に表れており、ごまかしようがありません。

(2)　全社での設備投資削減額

先の 2 事例[28] 以外にも設備投資せずに能力の増強を行い、設備投資を抑制した事例があり、その総額は 3.3 億円にのぼりました（図 1.12）。

最近では、社員の意識が向上し、生産設備の増設を提案する前に、「時

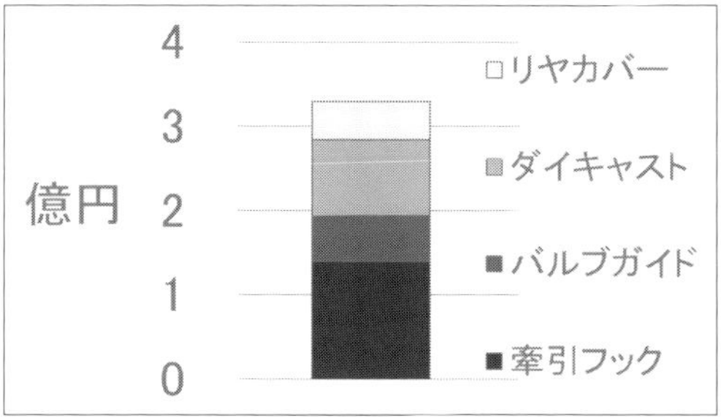

図 1.12　設備投資削減額

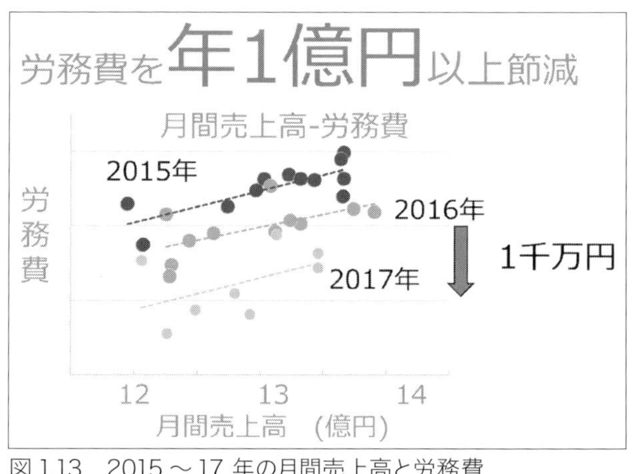

図 1.13　2015 ～ 17 年の月間売上高と労務費

間当たり出来高」の向上にトライするのが当たり前になりました。よって、私が把握する以前に、現場で解決してしまった案件もあるようです。そのような案件を加えると約４億円となります。

(3)　全社での労務費削減額

「時間当たり出来高」向上により、労務費も大幅に削減できました。

図 1.13 は 2015 年、2016 年、2017（平成 29）年の月間売上高と労

注 28　第 1 章 1.7(1)「バルブガイドライン」および (2)「牽引フックライン」参照。

務費の関係をグラフで表したものです。同じ売上高であれば下にあるほど少ない労務費で製造できたということになります。各年それぞれに近似線を引くと、2015年を基準とした場合、2016年、2017年と労務費が大幅に下がっていることがわかるでしょう。年間に直すと、1億円以上の節減になります。

(4) 現場から聞こえた３つの声

モニタリングを実施した140ラインの現場において、IoT化を経験した社員からは、数多くの好意的な意見が出されました。また意見は、「測定に要する手間暇を劇的に軽減できたこと」「みえなかったことがみえるようになったこと」の２つに分けることができることがわかりました。さらには「これら２つから得た学び」についても言及している社員がいました。

① 測定に要する手間暇を劇的に軽減できたこと　「現状把握・効果の確認がすぐにわかるので、改善リードタイムが短縮できた」
「従来、サイクルタイムは、自分たちでラインの脇に立ち、ストップウオッチで測定しなければならなかった。その必要がなくなり、とても楽になった」
「自分が担当するラインの実力（設定サイクルタイムと実力サイクルタイムの乖離）がすぐにわかった」
「常にデータをとっているので、急にデータ確認が必要になっても、あわてることがなくなった」

② みえなかったことがみえたこと　「漠然と考えていた以上にサイクルタイムがばらついていることがわかった」
「人力による記録では把握できなかった停止がみえるようになった」
「どこにいても設備状態がみえる」
「付随作業のばらつきがみえるようになった」

「朝一番の立ち上がりの悪さ（人が原因ではなく、暖機運転などによるサイクルタイム低下などが原因）がはっきりとわかった」

「時間帯（休憩後や終了時）によってサイクルタイムに差があることがわかった」

③　これらから得た学び　　「改善活動を始めた直後からデータの変化を逐一観察できるので、面白かったし、励みになった」

「交代勤務の作業者同士は互いのデータを比較できるので、向上心を刺激し合うことができた」

「他の部署のデータも参照できるため、競争意識が芽生えた」

「他の部署と、改善についての情報を共有することができ、改善活動の促進につながった」

このように当社では、IoT化によって、現場の作業者に負担を強いることなく、これまでみえなかった問題を「みえる化」することができました。これにより、私たち自身も驚くほど順調に、生産性向上という目標を達成することができたのです。

(5)　当社IoT化成功のキーポイント

しかしなぜ当社ではうまくいったのでしょうか？

私たちは以下のように自己分析しました。

(ⅰ)　明確な目的　　「とりあえずIoTを使ってみよう」ではなく、

「IoT化によってデータ収集を自動化し、改善スピードをアップすることで、時間当たり出来高を早く向上させよう」

というように、目的を明確かつ具体的に設定したことが、成功要因の第一にあげられるでしょう。

(ⅱ)　運用を重視　　すでに述べましたが、IoTシステムの導入は

「目的」ではなく「手段」としてとらえ、現場の規模や用途に合わせた最小のシステムを構築し、その代わりに、運用を重要視した点があげられます。

経営者が陥りがちなのは、「どうせやるなら多くの予算を投入して高機能なものを購入し、大規模に使おう」と考えることによる失敗です。

現場は、経営者が思っている以上に、シンプルなもの、手間のかからないものしか使いません。かけた費用など関係ないのです。

「シンプルでスモールな」スタートを切り、現場で使ってもらうためにさまざまな工夫を施し、徐々に広めていくのが最良の道です。

(ⅲ) データの種類を適切な規模にとどめる 3つめは、収集するデータの種類を最小限にとどめたことです。

実は当初、生産技術出身の社員からは、他のデータも収集しようという提案がありました。しかし前述したように、データ収集の種類を増やすには予想以上に多額の費用がかかるので、あえてその選択肢を選ばず、目的に沿った必要最低限のデータ収集に抑えました[29]。

しかし、それだけでも十分に大きな効果を得ることができましたし、まだまだ汲み取りきれていない事実が隠されていることもわかってきています。

1.9 原価を「みえる化」せよ

「時間当たり出来高」の向上は、直接的には設備投資や労務費の節減につながりましたが、間接的にも、社内のさまざまな分野に好影響を与えてくれました。

たとえば原価です。

(1) 原価がみえていない

これまで述べたように、お金が出ていくほうについては、改善活動とともに社員の意識向上に劇的な効果をあげることができました。

次はお金が入ってくるほう――つまり「売り」の意識改革です。

この点について、まずは営業部が主導して、主な部品の原価と売価との比較を正確に行ってみました。

すると、多くの部品の採算が悪いことがわかりました。

一番の問題点は、「原価がみえていない＝問題点がわからない」ことでした。原価がみえないので、採算性を意識する者が誰もおらず、したがって赤字仕事になりそうでも、対策を考えることすらしなかったのです。

(2) 原価チェックのための組織改革

まずは責任者が必要です。そこで営業部内に、原価チェック担当を新たに創設しました。

しかし、営業部は売上を立てる役割を担う部門です。原価チェック担当と利害の対立する場面が多々あるに違いありません。するとチェックが甘くなるのは人情です。実際、営業部内の原価チェックはなかなか機能しませんでした。

そこで営業部から切り離し、原価企画部を創設しました。

この原価企画部で、より正確な原価を算出しました。算出にあたっては、「サイクルタイムモニター」による「時間当たり出来高」「サイクルタイム」「可動率」のデータが役立ちました。工数から製造ラインの能力、現状や改善目標まで明確にわかったからです。

こうして算出した部品の原価を社内で共有するために「原価企画会議」を開くことにしました。

「会議」には、営業部はもちろん、製造部、生産技術部、品質保証部などの関係部門が出席します。原価企画部がその時点での部品の原価と売価、そしてその差を報告し、改善額の大まかな割付を提案します。この提案をたたき台として、各部門が話し合い、会社として取るべき対応

注 29　第1章 1.3(2) ④参照。

を明確にします。

考え方と具体的な目標を共有することで、各部門が責任を持って業務を遂行するようになりました。当たり前のことですが、当社では恥ずかしながらこれまでできていなかったのです。

1.10　第三世代以降の開発

(1)　「他社でもお役に立てるのでは？」

2015年末頃になると、IoTシステムを使った改善活動は大きな成果が出せるようになっていました。そこで「社内でこんなに成果が出るなら他社でもお役に立てるのでは」と考えるようになりました。

しかし他社にも使っていただくには、さらにシステムを強化する必要があります。たとえば、

① 品番変更によりサイクルタイムが異なる場合、システム内部値の書き換えが必要
② 同じラインで品番別の集計ができない
③ 送信機の電池残量がわからず、電池が切れて初めて気づく

などの改善要望が社内から上がっていました。これらは当然、他社へ提供する以前に、解決しておかなければならない課題でした。これらも含め、さらに使い勝手や機能を高めていくことにしました。

(2)　企業向けオープンソースソフトウェア[30]の採用

第二世代までは、システム開発はすべて社内で行ってきました。しかし他社への提供を視野に入れた場合、より高い要求に応えるための最新技術への積極的なアプローチと、高度なセキュリティが必要とされることから、専門企業の協力が不可欠だと判断しました。

そこで、2016年末頃から協力関係となった、企業向けオープンソー

スのリーディング企業であるアメリカのソフトウェア会社に、システム開発を託すこととしました。

このシステム外注化を機に、私たちは「RPA」(Robotics Process Automation)[31] ソフトウェアを採用しました。

当社のシステムには「製造ラインに変化が起こったコトを確実に見つけ出す」、また「製造ラインの数に制限なく、コトを把握する」ことが必要です。

この目的を達成するために、多くの企業ですでに使い慣れているエクセルシートを用いた設定が可能で、かつ、高速に判断を行うことのできるルールエンジンを採用しました。

これらの導入により、「判断」「検知」の段階において、製造ラインのマネジメントに必要な知識を容易に追加し、人間の代わりに効率的かつ自動的に実行するしくみを提供しています。

さらにDevOps[32]という手法を用い、1、2ヶ月単位で、システムの改良を図っています。スピードと新しいものを積極的に取り入れることを重視する当社のやり方にたいへんマッチしており、2016年年初に「Step1」をスタートさせたシステムは、2018年2月現在、「Step13」まで改良が進んでいます。

私たちは「実績がなくてもよさそうならやってみる」と考えます。

「コンテナ[33]」の採用にいち早く取り組んだのも、この「スピードと新しいものを積極的に取り入れることを重視」する当社だからできたこと

注30　ソースコードが一般に公開され、利用・修正・再頒布が可能なソフトウェアのことを指す。

注31　ルールエンジンやAI、機械学習などの認知技術を活用した、業務の効率化・自動化の取り組みを指す言葉。人間の補完業務を遂行できることから、仮想知的労働者やDigital Laborと言い換えることもある。

注32　「デブオプス」と読む。Development（開発）とOperation（運用）から生まれた造語で、従来は別の立場だった開発部門と運用部門、加えて品質保証部門が連携してソフトウェアを開発する手法のこと。小さな単位で開発し、使ってみて、改良する、というサイクルを速く回すことが可能なため、開発スピードを高めることができる。

注33　他のプロセスから隔離したアプリケーションの実行環境をOS上に構築すること。

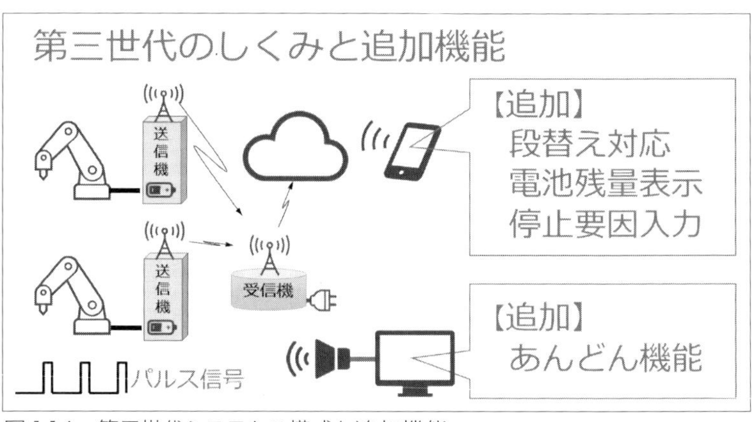

図 1.14　第三世代システムの構成と追加機能

です。

この他にも、個々の環境に依存しないマルチクラウドの実現など、製造業に対する使用が世界初となるようなソフトウェア技術の採用にチャレンジしています。

また、受信機として第二世代まで使用していた「ラズベリーパイ[34]」は、モニタリングの台数増などから能力不足となり、Stick PC[35]を利用することにしました。

(3)　構成と追加機能

ハードウェアのシステム構成はほとんど変えていませんが、このような経緯でソフトウェアは大幅な改修を施しました。これが、私たちのIoTシステムの「第三世代」です。

第三世代で追加された主な機能は、上の図の通りです（図 1.14）。

(ⅰ)　サイクルタイムのリアルタイム表示（図 1.15）　最新の製品がひとつ前の製品から何秒後にできてきたかが、リアルタイムで、100 分の 1 秒単位で表示されます。

図 1.15　サイクルタイムのリアルタイム表示

①　最終目標は作業を「楽に」「速く」すること　　ダイキャストで発生した「バリ」を、人がやすりで削って目視で検査をする工程がありました。人が行うため、作業時間にばらつきが生じます。そこで、1個の作業が終わるたびに所要時間をディスプレイに表示させました（次頁写真 1.16）。

「サイクルタイムのリアルタイム表示」の機能にペースメーカーの役割を果たさせる目的です。この目論見は的中し、作業者の意識が向上したおかげで、出来高が 2 割向上しました。

このように、作業者の意識を高め、それを出来高向上につなげた例は他にもありました。

ただし、システム本来の目的は作業者の作業の補助ではなく、やりにくい作業を洗い出し「楽に」「速く」できるようにすることです。

最終的にこの現場ではレイアウトを変更し、「サイクルタイム」を 20.4 秒から 14.0 秒に短縮しました。可動率も 77%から 83%に向上す

注 34　第 1 章 1.3(4) 参照。
注 35　スティック型のコンピュータ。ネットテレビの視聴などに用いられている。

写真 1.16　1個の作業が終わるごとにかかった時間（右）を表示させるようにした

ることが見込まれており、「時間当たり出来高」は135個から213.4個になるだろうと予想しています。

② 速すぎる作業もチェック対象にできる　とはいえ、作業時間は一概に「速ければいい」というわけではありません。

たとえば「速いだけではいけない」作業の典型が、目視による検査工程です。検査の方法や順番は厳格に決められています。それにもかかわらず作業が通常より早く終わるのは、手順を飛ばしているか、守っていないことを意味しているのです。

当社のシステムでは全作業時間が記録され、そのばらつきも可視化されます。よって、検査工程に不備があった場合も、容易に発見することができます。さらには、作業が所定の時間より短い場合に警告を発する機能も実装しています。

（ii） 品番切り替え機能　従来は、段替えにより品番が変わった際に、システム内のサイクルタイムの値を書き換える必要がありました。しかしこの作業を現場で行うことはむずかしく、これが作業の支障となることもたびたびでした。

第三世代では、これを作業現場においてタッチ操作で行うことができ

写真 1.17　電池残量表示

写真 1.18　サイクルタイムモニターとあんどんの機能をひとつにした

るようになりました。

（iii）　電池残量表示（写真 1.17）　　第二世代までは、送信機の電池残量を表示していなかったため、電波の発信が止まるまで電池切れに気づきませんでした。第三世代からは、電池残量をグラフィックで表示するようになり、電池が切れる前に交換することが可能になりました。

（iv）　あんどん兼用　　第二世代までは、「サイクルタイムモニター」と「iスマートあんどん」は独立した別々の装置でした。したがってひとつのラインで両方使用する場合は２つの送信機が必要でした。第三世代では、ひとつの送信機を兼用できるようになりました（写真 1.18）。

また、第二世代のiスマートあんどんは情報をインターネットに上げておらず、工場内での専用受信機が必要でした。第三世代からは、このデータをインターネットに上げ、ネット接続さえあればどこでもあんどん表示情報を確認したり、ログをとったりできるようになりました。

（4）　第四世代以降の開発

第三世代でソフトウェア刷新を行いましたが、次の第四世代では、主に次の４つの機能を追加しました。

（ i ）　統計処理　　　①　サイクルタイムの遅れと停止の分離

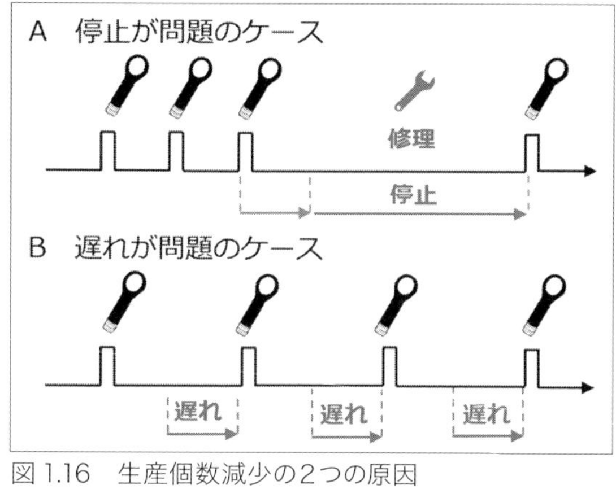

図 1.16　生産個数減少の2つの原因

第三世代までは、所定時間帯における時間帯の長さと生産個数から、平均の「サイクルタイム」を算出していました。

また、私たちが「可動率」と呼んでいたデータも、実は「本来のサイクルタイムで 100%動くことができた時の生産個数と実績の比」であり、表現としては「出来高率」と呼ぶほうが正しいデータでした。

これらの理由から、生産個数が少ない場合は、その原因がラインの停止時間なのか、サイクルタイムなのかがはっきりとわからないことがありました。

図 1.16 で説明しましょう。図中の A・B ともに生産個数は 4 個です。しかし A は停止が原因であり、B はサイクルタイムの遅れが原因です。単純に平均値を比較すると、2 つの可動率（出来高率）は同じなのです。違いを発見するには、製品 1 個 1 個の生産時刻のデータを追いかけなければなりません。

この欠点を解消するため、第四世代では算出ロジックを変更し、図 1.16 のようなケースでのサイクルタイムと可動率との違いを表現できるようになりました。

たとえば、図1.16の例で、基準のサイクルタイムが10秒とした場合、表示は次のように変わります。

【旧】「A、Bサイクルタイム20秒可動率50%」
【新】「Aサイクルタイム10秒可動率50%」
→停止の影響とわかる
「Bサイクルタイム20秒可動率100%」
→サイクルタイムの遅れの影響とわかる

② サイクルタイムのばらつき　サイクルタイムのばらつきを定量的に評価し、グラフなどによって「みえる化」することは、サイクルタイムのばらつきを評価指標とした改善活動の促進につながります。

しかしIoTシステムがない場合は「手動でサイクルタイム測定→エクセルに手入力→グラフ描画」というように、グラフを描くまでに多大な手間がかかり、実用的ではありませんでした。

私たちのシステムでは、第三世代ですでに「自動でサイクルタイム測定→画面表示をエクセルにコピーペースト→グラフ描画」することができ、IoTシステムがない場合よりも省力化がなされ、改善活動の促進に大いに役立ちました。

しかしながら、第三世代までのシステムでは、PC上でコピーペーストするなどの作業が必要で、使い勝手が悪く、改善が求められていました。そこで、第四世代では、データを自動でグラフ化する機能を装備しました（次頁図1.17）。

（ii） ウェアラブル端末への報知　第三世代で実装した「あんどん機能」について、工場内だけでなく保全部門の部屋にもモニターを設置して情報がわかるようなしくみをつくろうと提案したところ、保全部門から不要であるとの返答がありました。

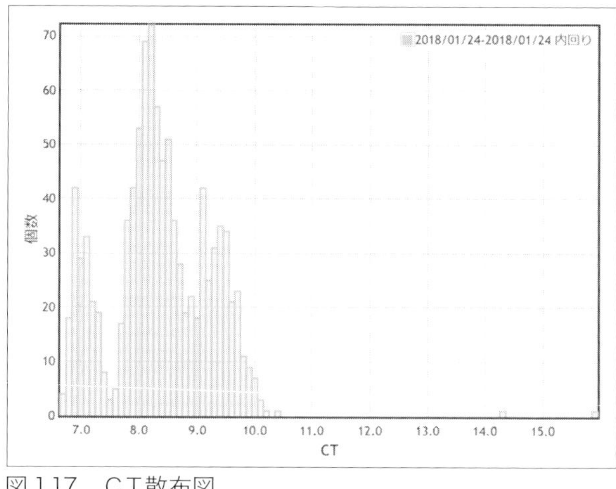

図 1.17　CT散布図

理由は、修理対応を行う保全部門の人間は、ほとんど部屋にいないから、ということでした。さらにスマートフォンとの連携も使いにくいと言います。修理作業中はスマートフォンを立ち上げたりしないからです。「情報をどこでも見ることができたらさぞかし便利だろう」というのは机上の空論にすぎないのです。

しかし、「問題が発生した」ことを保全部門の人間がいち早く知るしくみは必要です。そこで、設備停止の情報を Apple Watch 等のウェアラブル端末に報知するしくみを構築しました（写真 1.19）。

ウェアラブル端末は、停止情報を受け取ると振動で知らせます。画面には停止がどこで起きているかなどの情報が表示されるので、作業時間の短縮につながります。

このシステムはまだ試用版の段階です。しかし今後、さらに改良を重ね、本格的に稼働させていく予定です。

（iii）　システムの安定性向上と自動スケール機能　前述のようなサービスの他社への提供は、2017 年初頭から開始しました。

写真 1.19　ウェアラブル端末

社内で十分な実績を積んだつもりでしたが、それでも初期は、データのトラフィックが増えるにつれてシステムがフリーズしたり、ダウンしたりということが繰り返し起こりました。

原因のひとつは、当社が、システムの安定性に加えて、先進性にも重きを置いたためです。しかしこの「チャレンジ」によって、安定性を求めるだけでは得られなかったノウハウが蓄積されていきました。おかげで当社の現在のシステムは世界最先端技術の域にあり、かつ非常に高い安定性を確保しています。

最先端技術のひとつとして「OpenShift[36]」があげられます。

トラフィック増大に伴う不具合が散発した際、そのたびにチューニングしたりクラウドの構成を変えたりするのでは手間暇がかかり、このままでは将来においても、お客様に多大な負担を強いることになると懸念していました。

そこで、本技術を採用し、負荷の増大に応じて自動でスケールさせるように変更しました。今後は、システムを順次切り替えていく予定です。

(iv)　海外対応　　私は3年間のオーストラリア駐在を経験しています。日本との時差は小さいのですが、情報伝達にかかる時間の削減と正確性の確保にはたいへんな苦労を強いられました。

注 36　レッドハット社が提供する次世代プラットホーム。

当社とタイ王国の現地法人との間にも同じ問題がありました。

以前に、タイ王国の現地法人へ出張して現場を視察した時のことです。12時の昼休憩の直前にラインを訪れたのですが、「生産管理板」に10時、11時、12時と3ヶ所の空白がありました。

生産個数等を1時間ごとに記す決まりが守られていなかったのです。

しばらく様子を窺っていると、女性の従業員が空白の3ヶ所を一度に埋めました。12時はともかく10時と11時の数値が正しいはずがありません。

しかしさらに調べてみると、現場の従業員だけではなく、会社側にも改善の余地がありました。

ライン内に時計がなかったのです。これでは決められた時刻に記入しろと言われても実行できないのは当たり前です。作業者自身が工夫をすれば何とかなりそうですが、それを現場に押し付けるのは会社としてよい状態であるとは言えません。しくみとしての欠陥だからです。

そこで私は、タイ王国の現地法人でも、日本の工場と同じようにデータを自動収集しようと決めました。

導入にあたっては、国ごとに行われる電波認証の取得などの煩わしい手続がありましたが、現在では無事に稼働を始めています。今後も需要に応じ随時認証を取得していく予定です。なお、2018年に、i Smart Technologies社はタイ王国工業省と、「IoTモニタリング技術を導入し、展開することでタイの中小企業の生産性向上に貢献していく」主旨の覚書（MOU: Memorandum of understanding）を締結しました。詳細については、第3章3.1(3)(ｖ)をご参照ください。

（ｖ）　第五世代の開発 ―― AI×生産ビッグデータ　　私たちのシステムの特長は「データと現象の紐づけができる」ことです。

旭鉄工という生産現場で日夜、実際のトラブル（現象）解決に知恵を絞った経験は、ゼロから立ち上げたIoTシステムによって定量的に分

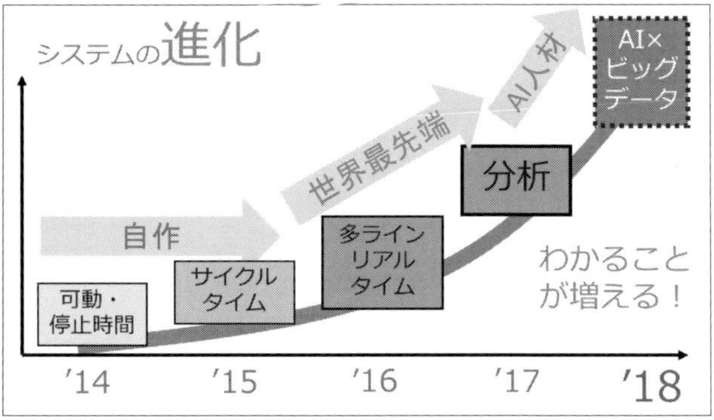

システムの進化
AI人材
AI×ビッグデータ
世界最先端
分析
自作
多ラインリアルタイム
わかることが増える！
サイクルタイム
可動・停止時間
'14
'15
'16
'17
'18

図 1.18　進化のロードマップ

析され、蓄積されています。また自社だけでなく、他社の「ライン診断レポート[37]」を作成する中で、大量のデータを収集することができるようになりました。

これが進むと、「こういうデータの時は、こういう現象が起きる可能性が高い」という推測が可能になります。

また、いずれ人ではなくAIが生産のビッグデータ解析を行い、自動的に警告を発することができるようになるでしょう。このシステムの実現を、近い将来の目標に据えることとしました（図 1.18）。

現在、当社では人工知能研究者を採用して、この目標達成に向けた精力的な活動を行っています。

注 37　第 3 章 3.3(5) 参照。

第2章

IoTと人の連携

1. IoT化による新しい企業習慣の獲得

2.1 運用の工夫

「ラインストップミーティング[01]」や「社長表彰[02]」についてはすでに述べましたが、運用の工夫は他にもたくさんあります。むしろ、運用の工夫が、IoT 化を成功に導くカギであると言っていいでしょう。

そしてその過程で、みなさんの会社の社員の意識と企業風土は大きく変わるのです。

(1) 「できる目標ではなく必要な目標」

たとえば当社では、第１章で述べた技術を用い、「製造ライン遠隔モニタリングシステム」を完成させ、サービスを開始しました。

このシステムは生産数や停止時間など現場で必要な情報をリアルタイムに自動検出・「みえる化」するもので、「サイクルタイムモニター」と「iスマートあんどん」を統合した機能を果たします。

私たちはこのシステムを、「負荷の高いラインの時間当たり出来高を向上させ、休日出勤や残業をなくす。また、追加の設備投資を抑える」という目標のために使っています。

注01　第１章 1.4(2) 参照。
注02　第１章 1.7(2)(vii) 参照。

しかし、ここまではどこの企業でも大小の違いはあれ行っていることです。

当社の特色は、この目標設定にあります。

私たちは、目標設定を「できるかどうか」ではなく「必要か否か」で判断します。

つまりこの場合、「休日出勤や残業をなくす」ために時間当たり出来高 180 個が必要だと算出されたとすると、それが現在の実績に比較して実現可能性の低い数字であっても、目標を修正したりしません。

当社も以前は「必要か否か」ではなく「できるかどうか」で目標を設定していました。しかしそれではなかなか新しい知恵が出てこないことがわかったのです。

「必要な目標」を掲げて「達成するまで知恵を出し続ける」

生産設備の IoT 化は、このための強力な支援ツールなのです。

(2) ほめて、活動の活性化を促す

このシステムを用いると、製造ラインの良い点と悪い点が細かな部分まで把握できます。だからといって、経営者や責任者が悪い点ばかりを指摘し、「改善しろ、努力が足りない」と現場の尻を叩くと、逆に改善活動が停滞してしまうことが往々にしてあります。

経営者や責任者は「ほめましょう」。

まずは良い点に注目してあげるのです。

一番簡単なのは「サイクルタイム」のチェックです。

図 2.1 の左側の CT が設定されているサイクルタイム、右側の AVG. CT が停止に至らない実際のサイクルタイムです。0.5 秒短縮されていることがわかります。

データを確認する際は、まずここに着目してください。そして短くなっ

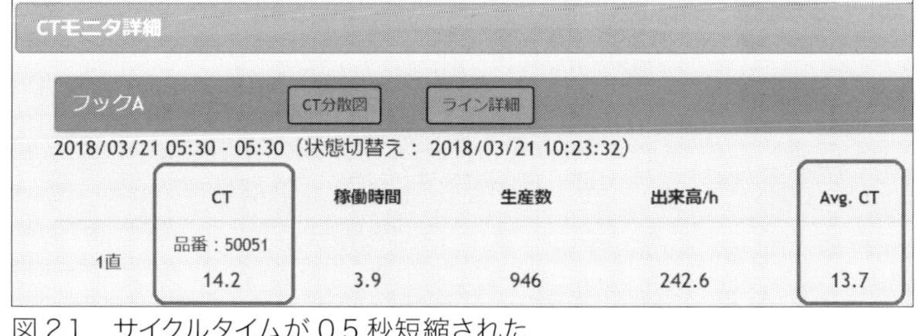

図 2.1　サイクルタイムが 0.5 秒短縮された

ているサイクルタイムを発見したら、すぐに現場へ行って「何を改善したの？」と尋ねてください。一度や二度では効果があがりません。これを繰り返しましょう。

すると現場のほうは、「そろそろ社長が来るんじゃないか」と待ってくれるようになります。そして改善点を嬉々として説明してくれるでしょう。さらに「なるほど！ よくやった！ ありがとう！」とほめてあげれば、現場はさらに知恵を絞ってくれます。

このように、経営者や責任者がきちんとデータを見てそのことを現場に伝えることはとても重要です。私の経験からも、部長や課長が頻繁に足を運び、現場をほめるラインは、驚くほど改善が進みます。

(3)　足跡を残せ

現場では、経営者や管理者が社員と直接コミュニケーションをとるのが一番です。最低でも現場に足跡を残すようにしましょう。

「上司が来ている」と意識するだけで、大いに刺激に与えることができるからです。また、足跡が残っていれば、その場にいなかった社員にも来たことがわかります。

私はそのために、次頁写真 2.1 のスタンプのセットを買いました。

「たいへんよくできました」「よくできました」「ふつうです」「もうすこしです」「もうすこしがんばりましょう」がありますが、(2) で述べた

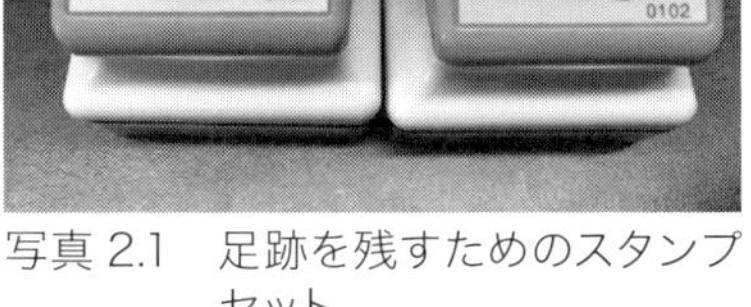

写真 2.1　足跡を残すためのスタンプセット

ように「ほめる」だけなので、「たいへんよくできました」と「よくできました」しか使いません。スタンプを捺す対象はなんでもありです。安全のボードだったり、改善結果だったり。「いいね！」と思ったらペタリ、です。

(4)　コメントを残す

(3) をさらに進めてみましょう。

以下は当社の西尾工場の例です。

現場に改善後と改善前のサイクルタイムのばらつきを示すヒストグラムが貼り出されていました。平均が 25.4 秒から 24.4 秒に向上しているとともに、ばらつきが小さくなっていました。改善活動に積極的に取り組んでいる証拠です。私はそのヒストグラムに「よくできました」のスタンプを捺しました（写真 2.2）。

しかしそれだけでなく、ヒストグラムの右下に「標準偏差を計算してみて　STDEV　木村」とサインをしました。

「STDEV」とは、標準偏差を計算するエクセルの関数です。標準偏差が小さければデータ分布のばらつきが小さいという証です。

さて、私がコメントを書いてしばらくすると、件のヒストグラムに「標準偏差 1.8」「標準偏差 1.3」と書き足してありました。現場の誰かが、さっ

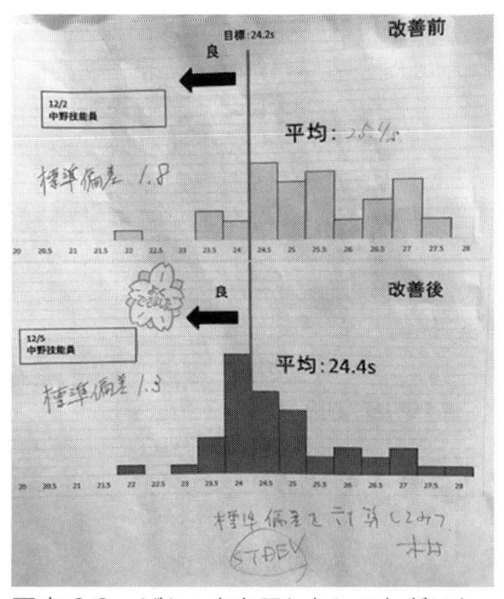

写真 2.2　ばらつきを示したヒストグラム

そく計算してくれたに違いありません。話すだけがコミュニケーションではありません。ちょっとしたコメントをやりとりするだけで、心を通じ合わせることも、何かを教え合うこともできるのです。

(5) 「成長する横展リスト」と「横展マン」

当社はこれまで「横展[03]」が不得意でした。

担当者は理解するのですがノウハウが共有されず、結果として、改善スピード向上の障害となっていたのです。

この障害を取り除くために、「横展リスト」および「横展マン」というものを発想しました。

「横展リスト」とは、各ラインの改善成功例をリスト化したものです。

改善を始めようとするラインでは、まずそのリストに掲載された事例やアイテムを試みるという決まりをつくりました。これにより、経験の

注 03　横展開の略語。ある部門の決定や成功事例、ノウハウを、違う部門や社内全体で共有しようという発想のこと。主にトヨタ自動車で用いられる用語。

共有化の促進と適用漏れを防ぐことができるようになりました。もちろん、新しい成功事例はこのリストに書き加えられます。改善チームはこのリストを「成長する横展リスト」と呼び、貴重な財産として大切に保管しています。

「横展マン」は、この「横展リスト」をもとに会社全体の改善活動のスピードアップを図るために選ばれたメンバーのことです。彼らが中心となって、「リスト」の管理・運用と、現場での各種ボードや帳票および運用方法が、社内の隅々にまで徹底されています。

(6) チャレンジする企業風土をつくる

2.1(1) でも述べましたが、これまで積み上げてきた経験を尊重しすぎてしまっては、社内を大きく変えることはできません。

「チャレンジする企業風土をつくること」が重要です。

私は、この目標を達成するために「怪我以外は失敗していい」と、事あるごとに言い続けています。

先日も「これ以上、加工のスピードを速くすると、機械の刃物が壊れてしまうかもしれません」と心配するエンジニアに「それなら壊れるまでやってみようじゃないか！」と発破をかけました。

また、社員の提案の細部に不備があっても、提案自体に価値が認められれば「OK！ それで行こう!」と背中を押します。経営者や責任者が細かなことにこだわると、物事はいつまで経ってもスタートしないものだからです。

最悪なのは、細部の欠点を指摘されることを社員がおそれ、提案自体がなくなってしまうことです。だから、

「まずはやってみる！」

経営者や責任者にこの「チャレンジ」意識があるかないかが、改善活

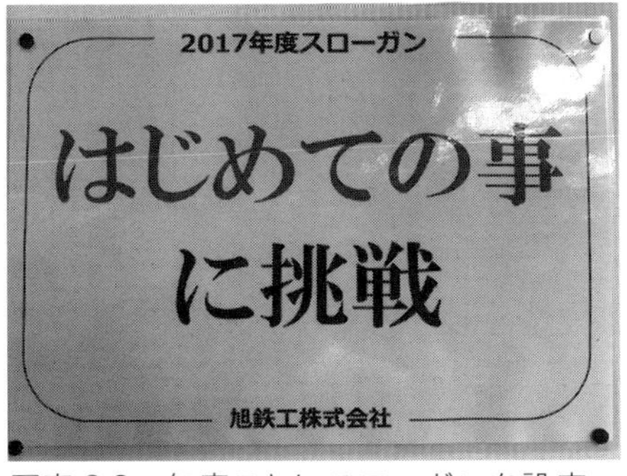

写真 2.3　年度ごとにスローガンを設定。
職場に貼り出した

動の成否を分かつと私は思います。

私たちは、この「チャレンジする企業風土」を育てるために、年度ごとにスローガンを決め、現場に貼り出すことにしました（写真 2.3）。2016 年度は「変革に挑戦」、2017 年度は「はじめての事に挑戦」、2018 年度は「違いを創る」です。

(7)　早く決めて早く始める

(ⅰ)　判断は早く　改善のスピードをアップするには、経営者や責任者の判断のスピードアップも必要不可欠です。先送りは極力避け、その場で決めるように心がけましょう。

あれこれ考えても、結論は大して変わらないことが多いものです。綿密に調査しないと判断しない人もいますが、私の場合は、要点以外の些細なことは調べません。そもそも、十分な情報があれば誰だって適切な判断ができてしまうものです。経営者や責任者とは、情報が不十分であっても決断できる人のことです。また、(2) や (6) でも述べたように、何か思いついたらまずやってみることです。完璧を求めてはいけません。私は「こんなもんかな」と思ったら即座に実行に移します。

(ⅱ)　コミュニケーションもスピード重視　メールの利用はすで

写真 2.4　コミュニケーションを円滑化するためにメール以外も利用

に一般化していますが、ビジネスユースに偏りがちで、スピードも遅くなっています。もっと頻繁かつ気軽にコミュニケーションを取り合うために、LINE や Slack[04] を利用してみましょう（写真 2.4）。

私の場合は、かわいいスタンプも多用しています。妻が「社長がそんなスタンプを送っていいの？」と驚くほどです。パソコンに向かって文字を打つより速く、スタンプや絵文字を使えば意図もより正確に伝えることができます。

(8)　発注・相談は「その場」で行う

これは旭鉄工でなく「i Smart Technologies[05]」社（以下、iSTC 社）での話です。

iSTC 社では、会議中に何かが必要になった場合、すぐに Amazon で検索し発注をかけます。稟議書等は不要です[06]。

「その場」で行動に移すことが大切だからです。

名古屋でお客様と食事をしていた時のことです。お客様から「工場内の見回りにドローンを使いたい。いったい、いくらかかるのだろう？」という相談を受けました。私は「その場」で、ドローンを扱うベンチャー企業に在籍する後輩にMessenger[07]で連絡をとり、価格を尋ねました。

結局、条件が合わないという理由で交渉は成立しませんでしたが、食事が終わるまでに商談がひとつ片付いたことになります。そのお客様は私たちの仕事のスピード感にかなり驚いたようですが、これを当然のように続けなければならないと考えています。

もっとも、たまには失敗もあります。以前、宴会中にテスラ社が製造する電気自動車「テスラ・モデル3[08]」の話題が出た際に、酔った勢いもあり、ネットから予約注文してしまったのです。さすがにちょっとやりすぎかと……。

Ⅱ. 企業風土の改善

2.2 マネジメント・風土

(1) 「言い訳はどうでもいい、次に何をするかを言え」

本書では、第1章から改善、改善と口を酸っぱくして言っています。

というのは、つい最近まで、当社は古い体質の抜けない、不合理で、不経済な風土があちこちに残る、足腰の弱い会社だったからです。

改善活動の究極の目標は、この企業風土を一掃することだとも言えました。

たとえば当社には、部長以上が出席する経営企画会議というのが存在

注04 「スラック」と読む。ビジネス向けのチームコミュニケーションツール。
注05 第3章3.1参照。
注06 第2章2.3(2)も参照のこと。
注07 大手SNSのFacebookに付属するコミュニケーションアプリ。
注08 米国テスラ社が製造・販売するセダンタイプの電気自動車。製造が遅れており、納車は2019年以降になると発表されている。

しました。転籍してまもなく、私はその会議に出席して驚きました。

報告する内容はてんでんばらばらで、資料も事前準備もなくその場で適当に話すだけ、できなかった言い訳をするだけ……周囲はそれに対して何やらコメントするだけ。建設的な提案が何もない会議だったからです。

そこで私は、まず資料の定型フォーマットを設定しました。

このフォーマットには、先月やったこと、今月やることを箇条書きにできるようにしてありました。そして、会議の出席者に、

「言い訳はどうでもいい。次に何をするか言え」

と強く提案しました。

「次に何をするかを言う」には、実績を調べ、現象を分析しなければなりません。それを実行してくれるようになっただけで、会議はずいぶんましになりました。

(2) 表現は「シンプル」かつ「わかりやすく」

さらに当時、会社方針や部方針というものがすでに存在しましたが、それらのほとんどが前年度の方針の焼き直し、あるいはトヨタ自動車のフォーマットをただ真似ているだけのものでした。

方針が記された紙は大きなA3用紙。そのうえやたら枚数が多く、さらには主張が不明確なだけでなく、会社と部の方針とのつながりもよくわからない、はっきり言って、存在意義を疑う代物だったのです。

ここにも改革の手を加えました。

会社方針・部方針・課方針はそれぞれA4用紙で1枚にまとめるように指示しました。1枚ですから、ポイントを的確に押さえ、かつシンプルでなければいけません。そこで「3本柱」と名づけてポイントを絞るようにしました。

また年始には、全従業員が集まって年始式を挙行するのが慣例でした。ここで社長講話がありました。しかし内容が抽象的で具体性に欠けてい

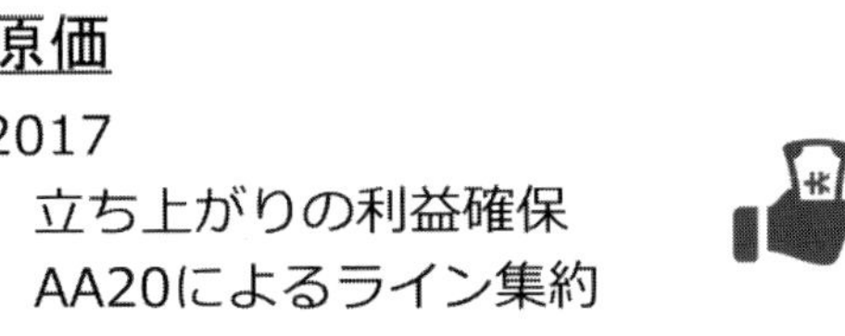

図 2.2　パワーポイントでキーワードのみを使って説明

ために廃止しました。その代わりにパワーポイントを使い、キーワードのみを表示して「会社の現状」と「今年やりたいこと」だけを説明するようにしました（図 2.2）。

このように当社では、表現は可能な限り「シンプル」で「わかりやすく」しようということをモットーにしています。

どんなに良いことを述べても、伝わらなければ意味がないと考えているからです。最近では多くの社員が、シンプルでわかりやすくする重要性に気づいてくれるようになりました。発表や報告では、彼らの考えたキーワードやキャッチフレーズが飛び交っています。

(3) 「今から片付けるぞ」――赤テープを貼って捨てる

改革すべきは、会議や表現だけではありません。

現場の整理整頓も早急に改革するべき課題でした。

当社の西尾工場の 2 階に生産技術部門のエリアがあります。当時、そこにはどこから見ても不要な本や書類、部品などが山積みにされていました。

「片付けるように」と何度命じても変わりません。

しかし考えてみれば、不要不急にみえる作業に対しては、いくら怒鳴ったところで誰も行動に移さないものです。指示に、期限や責任といった具体性がないからです。そこで私は、「今から片付けるぞ」と声をかけ、その場にいたメンバー全員できれいにしました。

また、別の日には自分で赤いガムテープを持って社内を歩き回り、不要に思える設備その他に貼って回りました。そして全社員に対して、赤テープの貼られた設備が必要ならば、その上から白のガムテープを貼り、誰がいつまでに使うかを明記しなさいと命じました。もし白いテープが貼られなかった場合、それは廃棄すると宣言したのです。

いったん整理を始めると、「あれも不要、これも不要」と後から後から不要品が出てくるようになり、社内の整理整頓は以前とは比べ物にならないほど進みました。

この赤いガムテープを使った運動は、課長級以上でメンバーを構成して社内を巡回するしくみに受け継がれます。まだすべてが片付いたとは言えませんが、それでも2トントラック13台分という大量のゴミが出ました。

そして今では、製造部が自主的に点検をするようになりました。社内の様子は以前とは見違えるようになったはずです。

2.3　経費の改善に着手する

(1)　一度の交渉で100万円の削減

経費についても、改善活動の例外ではありません。

ある時、私は、外部から物を購入する時に必要となる稟議書をすべてチェックしてみました。社内の整理整頓ができていないということは、それ以外でも無理やムダが生じているかもしれないと考えたからです。

その中で、「ISO規定にある騒音測定を外注する」旨の稟議書が目に留まりました。当社に来て測定する時間と人員から考えて、どうも高すぎるようです。そこで、相見積もりをとらせてみたところ、他社では

3分の1～5分の1の価格で済んでしまうことがわかりました。当然、次回からは安く見積もりを出した業者に発注先を変えました。

この例だけではありません。

当時、20台余の社用携帯電話はすべて、某自動車ディーラーから購入していました。そこでディーラーの担当者を呼び、「安くしないと全部他のキャリアに乗り換える！」と交渉しました。値引き交渉は成功し、契約全体で年間100万円ほどの経費を節減することができました。

また、社用車にかけていた自動車保険についても、不要な車両保険を削減、建物にかけていた火災保険も契約内容を見直したことで、年間数十万円単位でコストを下げることができました。

(2) 「ネット最安値を探せ」——すべての稟議書をチェック

社則では、社長の私がチェックするのは10万円以上の稟議書だけでした。しかし、全体を見直す必要があると判断し、10万円未満の件についても私がチェックすることにしました。

ただし、「安くあげろ」とむやみに部下を叱りつけるようなことはしません。みずからの手でAmazonを始めとするネットでの販売価格を検索し、値段や条件を比較してみたのです。

すると、稟議書に記された値段よりずいぶん安く売られているものを多く見つけることができました。その場合は、Amazon画面のプリントアウトを起票者に差し戻すようにしました。

これを粘り強く繰り返し、現在では社員がネットの最安値を調べて稟議書を提出することが当たり前になりました。私がネット検索を止めたことは言うまでもありません。

(3) 改善には「波風が立って当たり前」

歴史ある会社ですから、長い間の付き合いがあります。他より高いけれども決まった会社から購入している物品がありました。

しかしその場合も、価格を下げてもらうように交渉し、話し合いがうまくいかないなら購入先を変えることにしました。

工場で使うクレーンなどの大型機械のように、業者を変更することで数百万円も安く購入できるようになったケースもあります。

この改革には聖域をもうけませんでした。誰も関わろうとしなかった親戚筋の会社との取引についても、値引き交渉と取引中止を断行しました。

もちろん、周囲からは大きな反対の声があがりました。しかし、改革に反対はつきものです。私は「波風が立って当たり前」と腹をくくり、改善を実行していきました。

2.4 改善の中心となるチーム「ものづくり改革室」の創設

(1) 「拉致？」ものづくり改革室の創設

以上に述べたように、トヨタ自動車から旭鉄工へ転籍して以降、多くの問題点を発見しました。そしてその改善に取り組もうと悪戦苦闘しました。

しかしながら、生産調査部で学んだ経験を生かして改善を推進するにも、一人でできることには限りがあります。そこで改善活動に協力してくれる仲間を募ることにしました。

まずはトヨタ自動車の生産調査部時代に同じグループに所属し、さまざまなことを教えていただいた大先輩を顧問として迎えました。「トヨタ生産方式」について理解が深く、改善経験も長いので、私が推進しようとしていた改善活動全般について安心して任せることができました。

その後、この方の紹介で、刃物や改善等について専門知識を持つトヨタ自動車 OB の３氏を、アルバイトの待遇で雇い入れました。

そして転籍して半年が経ったある日､私は社内に「ものづくり改革室」を立ち上げました。

本社の生産技術部門に所属していた課長を、何の前触れもなく西尾工場に連れて行き「これからものづくり改革室を立ち上げる。ここの室長をよろしく」とお願いしました。彼は今でも「突然拉致された」と笑って言います。

このように、時には強引な方法を用いながら、私とともに考え、時には手足となって働いてくれる改善活動の中心となる「ものづくり改革室」のメンバーを集めていきました。

(2)「大正時代の工場」と言われて

私が性急に社内改革を進めたのは、変化を嫌い、挑戦を拒み、時代に取り残されていることもわかっていない会社の在り方に危機感を覚えたからです。「このままでは到底生き残れない」。私の思いは切実でした。

たとえば——工程が分割されすぎていて、中間在庫と細かな運搬が多く生産速度低下の原因となっている、多くの品番が同じシュートに混載されていてムダな仕事を増やしている、ものの流れが整理されておらず滞留している、ムダな運搬がある、かんばんで生産できていない、油こぼれが多く構内が汚い、余計なものがたくさん置いてあって機能的でなく、スペースのロスが大きい——などです。トヨタ自動車時代にお世話になった技監の方に見ていただいた時は「ここは大正時代の工場か？」と言われる始末でした。

(3)「流れ」の把握と「連結」で「昭和の工場」に

まず着手したのは、工場全体のものの流れを把握することでした。

特に、当社の主力製品のひとつであるシフトフォークの全品番については、どの品番がどの工程を流れているかを徹底的に調べました。

作業の中心となってもらうために、製造部門から優秀な係長1名を選出し、専任でこの作業にあたってもらいました。たいへんな仕事をやり切った彼は、現在「ものづくり改革室」の中核メンバーの一人となっています。

次に手掛けたのは、「工程の連結」でした。

これは「トヨタ生産方式」の用語で、分断されていた隣り合う工程をくっ付けるという意味です。この作業によって、中間在庫や細かな運搬作業が減るので、工数を削減できるのです。

たとえば、アルミのシフトフォーク工程においては、溶着・検査・箱詰めの３工程を連結しました。これに成功し、成果があがると、その後、多くの工程を連結しました。その結果、それまでは足の踏み場もなかった工場スペースに余裕が生まれ、次の改善がやりやすくなりました。

なお、件の技監に再度お越しいただいた際には「昭和にはなった」という言葉を頂戴しました。しかし、平成、さらには次の時代の工場へと変貌を遂げるにはまだ時間がかかりそうです。

（4） すべての活動の底流に流れる原則

これらの活動すべてにおいて、当社では、改善活動を支えるための「できる目標ではなく必要な目標[09]」を立て、それを「速やかに行動に移す[10]」という原則が、ようやく根付いてきました。

しかし、この活動が軌道に乗ったのは、「成功体験」があったからです。第１章でご覧いただいた「サイクルタイムモニター」の成功と、そのシステムの支援によって次々と実現した改善活動の成果が、社員全員の成功体験として胸の奥深くに刻み込まれたからこそ、会社は正しい方向へ進んでくれたのです。当社におけるこうした企業風土刷新のすべてが、IoT 化の直接・間接的な影響を受けていると言っても言いすぎではないでしょう。

III. IoT化が「挑戦する企業」へと変える

2.5 不良低減活動

（1） ５つの具体的方針の立案

私が旭鉄工に転籍したのは 2013（平成 25）年です。それ以来、前述のように改善活動を進めてきました[11]。運動は少しずつ成果をあげていましたが、なかなか好転しなかったのが、不良品・客先不具合の問題でした。

そこで現場での改善活動を振り返ってみると、2014（平成26）年までは、

① 現場でできることを実施
② 過去トラブル点検がメイン
③ 未然防止活動が少ない

という状態であったことがわかりました。

活動のマンネリ化によって効果があがらず、その結果、発生した不具合の処置に追われてしまって未然防止活動ができないという悪循環に陥っていたのです。社員も「不良なんか減りっこないよ！」とか「客先不具合って毎月あるよね」といった極めて低い意識レベルにとどまっていました。

ここから脱却するには、目標を具体的でわかりやすいものにする必要があると考えました。そこで、2015（平成27）年からは、「不良品や客先不具合」について、以下のような方針を立てました。

(a) 客先不具合低減のために実施すべき活動の明確化　　品質向上活動を活動実施単位まで細分化し、遅れ／進みを「視える化」
(b) 製造部門任せではなく、品質管理部門スタッフも一緒になって活動　　製造課単位で品質管理部門スタッフ一人を担当者と

注09　第2章2.1(1)参照。
注10　第2章2.1(7)参照。
注11　第2章2.1～2.4参照。

しフォロー

(c)　未然防止活動への転化　　職制による現場観察、いじわるテスト[12]の定着、異常処置対応の訓練実施による不具合流出防止

(d)　客先不具合低減のために必要なリソース（人員）の増員　西尾工場機械製造部の班長増員

(e)　他の事例から学ぶ　　客先不具合の発生原因を一般解化し、他職場へ横展開[13]

(2)　キーワードは「見る、視る、観る」

さらに、この「不良低減活動」全体に通底するキーワードとして「見る、視る、観る」という言葉を掲げました。

「職位（立場）によって、み方を変えよう」という意味です。

①見る…作業者は、正品であること、また作業ポイントをしっかり検見する。お客様に届けるものは、製品でなく商品である。その確からしさを保証するために、しっかりと確認する。

②視る…監督者である班長・係長が、しっかりと作業者を監視する。それは、自分が教えたことをしっかり理解し、その通り作業を遵守しているかを確認してあげるといったことで、誤りがあれば教え直し、困り事があれば作業者と一緒に考え、改善していく。

③観る…管理者である社長から課長までが、今、現場で起こっていることを観察する。つまり、組織の運営がうまくいっているのか（人員の不足、指導方法の正誤等）、現場の状況を自己の目で観察する。

この３つが、ベースの「みる」です。

それまで私たちは、製品ばかりみてきました。そこから脱却し、３つの「みる」を原理原則として社内に浸透させたうえで、高い目標値を与えることで、品質風土の構築と目標達成に近づく手段を打ち出せると考えたのです。

その後、前述の「サイクルタイムモニター」を利用した可動率の確認と、「ちょっとした設備の動きや作業方法」「毎回止まる慢性的なチョコ停」などの改善により、とにかく止まらないラインを作り出そうとした結果、納入不良は2015年比で約４分の１以下にまで低減することができました。

結果を出すことができたのは、「サイクルタイムモニターを活用した可動率向上」運動だけによるものではありません。

この「見る、視る、観る」のキーワードが全社的に浸透していったからです。

(3)「いじわるテスト」

社内では、(1)(c)で述べたように「いじわるテスト」と呼ぶ「検出力確認」を実施しています。「検出」とは、大半が正常な品物が生産される中にごくまれに発生する正常でない品物、つまり不良品を発見して取り除くことです。

「いじわる」と言うと聞こえは悪いですが、作業者にいじわるをするわけではなく、「目視検査」といって、品物を目でチェックして不良品を見つけだす工程において、しっかりと不良品を見つけることができるかという検査を実施することです。

具体的な方法は以下の通りです。

――休憩時間に職制が「こっそりと」不良品を１個混ぜておきます。そして、休憩時間後に作業者がその不良品を目で見て発見できるかどう

注12　第２章2.5(3)参照。
注13　第２章2.1(5)参照。

かを、これまた職制が「こっそりと」観察し、きちんと不良品と発見して不良品を識別する箱に入れたかどうかを確認します。それから、

OK ⇒ 合格と作業者に伝えます。「これからも正しい検査よろしく！」

NG ⇒ 不具合品を見逃していることを伝えます。

さらに、なぜ見逃したのか（判断ミス、見えなかった、見なかったなど）を作業者と職制とで確認し、是正していきます——。

このテストには、作業者の緊張感維持や、職制との信頼関係構築を促すという効果があります。また、その際に重要なのは、テスト後に見落とした理由について、作業者の肚に落ちるように話し合うことです。

「いじわるテスト」というネガティブな言葉ですが、作業者が不良を発見する力を維持・向上させるためのポジティブな活動なのです。

(4) 「カン・コツによる対策からの脱出」

従来は、個人のスキルに任せきりの、行き当たりバッタリな不良対策しか施していませんでした。しかしこの方法では、

「一時的な良化」⇔「再発による不良発生」

という負のサイクルに陥ってしまいます。

たとえば、当社のダイキャスト工程では、人の作業、条件、設備精度、金型の状態、型温等の条件のうち、ひとつでも良品条件を外れると、品質異常が発生します。

しかしながら、旧来の方法では、作業者が記入した日報の情報しか頼るものがなかったため、不良が発生した際は、状況聞き取り調査にたいへんな労力がかかり、そのうえ細かな停止内容もわからず、その後の不

良の追跡調査もむずかしくなるなど、的確な対策がとれる状況ではありませんでした。

現在では、製造部門、生産技術部門、品質管理部門、保全部門の担当者による「ラインストップミーティング[14]」において、素早く対応策を検討することができるようになりました。

その結果、各不良については以下のように改善効果が現れました。

・外観メクレ不良：不良率4%　⇒　0.2%（改善効果：30万円／月）
・鋳　巣　不　良：不良率17%　⇒　2%（改善効果：27万円／月）

こうした活動と並行して、品質改善グループを結成し、

「不良の見える化、対策の視える化、作業教育の観える化」

による可動率の可視化を行いました。

これにより、個々の作業への責任・目的意識の向上、そして変化点と不良の結びつきが自然とわかるようになり、スキルのアップにもつながりました。

さらには現場の品質改善意識も高まりました。

最近は、注文主からの生産技術への要求レベルが上がり、現場はそれに応えようと苦労していますが、みんなで切磋琢磨し、さらなる不良率の低減を目指しています。

(5)「不可能」が「当たり前」に

品質の重要な指標として「納入不良件数[15]」があります。

当社は、2016（平成28）年の4月に客先納入不良月間ゼロ件を達成

注14　第1章1.4(2)参照。
注15　部品の納入先から、品質基準を満たさないと指摘された件数のこと。

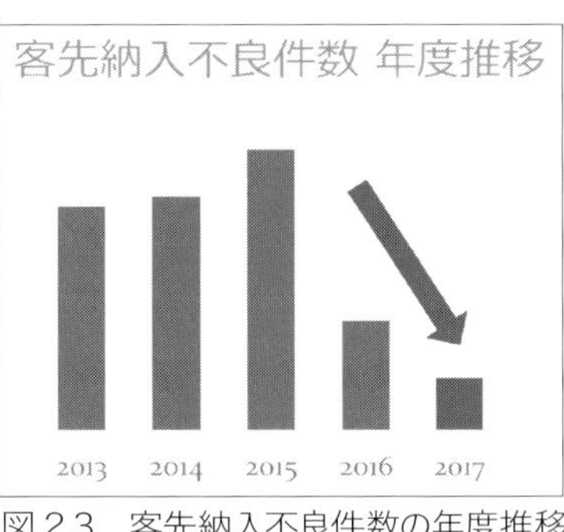

図 2.3　客先納入不良件数の年度推移

しました。当時の品質部長が語ったところによると「入社以来覚えがない」ということでした。

しかしその後、納入不良件数月間ゼロ件の月が珍しくなくなり、2017（平成 29）年になると、2015 年比で、4 分の 1 以下にまで減少させることができました（図 2.3）。

数年前までは想像もつかなかった結果でした。こうなると社員たちの意識も劇的に変わります。

「やればできるじゃん！」

「納入不良がない月を当たり前にしよう！」

そういう声があちこちから聞こえるようになりました。しかし、これで満足はしていません。今後もさらによくしていきます。

(6)　画像検査と人工知能活用

私が転籍した当時、主力製品の「バルブガイド[16]」は 17 名の女性作業者が全点目視検査を行っていました。

目視検査は人間のやることですから必ずミスが出ます。

そこで画像検査への置き換えを検討することにしました。

画像検査への置き換えは、以前にも試みたそうです。しかし 100％の信頼性を確保することができず、お蔵入りになったということでした。

そこで今回は「100%の信頼性を求めない」ことを前提としました。

その代わりに「OKと判断したものにNGが混ざってはいけないが、NGと判断したものにOKが混ざるのはよい」ことを条件としました。こうすればNG品を出荷することはないからです。

画像検査装置は当初、60%程度をOK、40%程度をNGと判定しました。しかしNG品40%の大部分は、OK品であることがわかりました。つまり、40%のNG品を女性作業者が目視検査すれば、条件をクリアできるわけです。

あとは判定率を向上させれば、目視検査の手間が減っていきます。

私たちはさまざまな工夫によって、判定率を80%程度にまで向上させました。NG品は約20%です。この20%が目視検査の対象となります。

つまり、目視検査は画像検査装置導入前の5分の1の作業量になったのです。これによって、作業者の人数も減らすことができるようになり、労務費削減につなげることができました（画像検査をまだ導入していない品番の目視検査も含めて2018年3月時点で17名→10名）。

しかし、私たちはまだ満足していません。

現在は、この80%という判定率をさらに向上させることを考えています。

そこで目を付けたのが人工知能（AI）です。従来は人間がマニュアルで、画像検査装置の閾値を調整していました。しかし、すでに画像検査データの蓄積があります。これをAIに学習させ、特徴量を自動抽出させることで判定率を90%まで向上させることを目標に据えました。

80%が90%になれば、作業量は、現在のさらに半分になります。まだ開発途上ですが近いうちに実用化できるはずです。

注16　第1章1.7(1)参照。

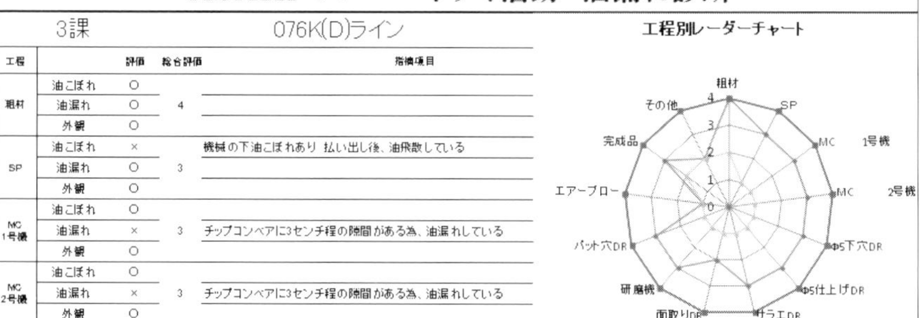

ASAHI スーパードライ活動 油漏れ診断

3課 076K(D)ライン

工程		評価	総合評価	指摘項目
粗材	油こぼれ	○	4	
	油漏れ	○		
	外観	○		
SP	油こぼれ	×	3	機械の下油こぼれあり 払い出し後、油飛散している
	油漏れ	○		
	外観	○		
MC 1号機	油こぼれ	○	3	
	油漏れ	×		チップコンベアに3センチ程の隙間がある為、油漏れしている
	外観	○		
MC 2号機	油こぼれ	○	3	
	油漏れ	×		チップコンベアに3センチ程の隙間がある為、油漏れしている
	外観	○		
Φ5下穴DR	油こぼれ	×	3	起動を入れる際に油が飛散している
	油漏れ	○		
	外観	○		

写真 2.5 「旭スーパードライ」活動のレーダーチャート

(7) 「旭スーパードライ」の話

と言っても、ビールの話ではありません。

工場の油の話です。

恥ずかしながら、当社の工場には油まみれのラインが多くありました。

以前から続いているのですが、「機械が古いから仕方ない」とか「昔からこうだから」とか、誰もが「これが当たり前」だと考え、改善の掛け声すら聞こえてきませんでした。

しかし、製造ラインの大幅な生産性向上が当たり前となり、チャレンジする企業風土が醸成されると、現場の意識が劇的に変わりました。

そこで彼らから提案されたのが「旭スーパードライ活動」でした。

目指したのは、製造ラインの油漏れや飛散の改善です。

目的達成のために、まずレーダーチャートを作りました。現状と目指すレベルを明確にするためです（写真 2.5）。もちろん、目標設定は、「できるか否か」ではなく「必要かどうか」を基準にしました[17]。意識レベルの向上した現場からは、目標実現に向けたさまざまな案が提出されました。たとえば、

① 簡単に試すことができるビニールを使った改善
② 漏れ・飛散を受ける改善
③ 細部の漏れをシリコン等でふさぐ改善

などです。

また、「横展リスト[18]」を作成し、活動が社内全体に広がるようにすることも自主的に行われています。

(8) 間接業務の可視化

改善は、生産現場だけの問題ではありません。社内のすべての事柄が対象です。

たとえば、当社では、営業部アシスタント業務に残業が多く発生していました。これを改善によって解決しようということになりました。

アシスタントの業務は決められた作業をこなすルーティンワークが多く、日々の作業項目や工数把握は容易なはずです。そこで業務把握のために、アシスタントに日報を記入してもらうことにしました。

ところが、手作業で日報に記入するのはたいへんであり、正確さにも欠けます。その問題をクリアするために、サイクルタイムモニターを活用して、業務把握をすることにしました。

方法は以下の通りです。――まず、アシスタントの作業（電話対応、試作品出荷準備、見積書発送等）を 30 項目ほど洗い出す。

それをモニターのあんどん登録画面に表示する。

アシスタントは作業が変わるタイミングでタブレットに表示された登録画面項目を選択して、日々の管理を実施する（次頁図 2.4）――。

こうすれば、日報記入の手間が省け、さらには「作業時間計測」も正確に把握することができます。アシスタントはもちろん、改善を推進す

注 17　第 2 章 2.1(1) 参照。
注 18　第 2 章 2.1(5) 参照。

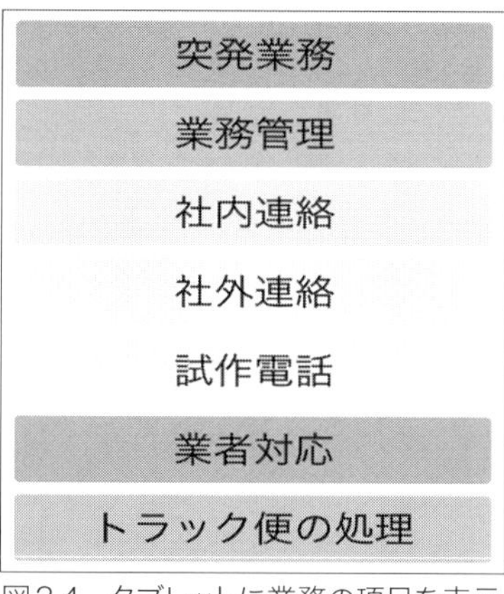

図2.4　タブレットに業務の項目を表示

る私たちにも多くの利点があると感じました。

一般的に間接業務は「みえる化」がむずかしいと言われています。しかし知恵を働かせれば、IoT システムを応用することで、改善に有効なデータを集めることができると感じました。

この改善活動は現在進行中です。成果については後日どこかで発表したいと考えています。

第3章

すべての現場のIoT化を実現するために

3.1 i Smart Technologies（アイ・スマート・テクノロジーズ）株式会社

（1） 設立の趣旨

自社で開発したIoTシステムが大きな成果を得たことから、私たちは、同システムなら他の中小企業の支援にも役立つと考え、2016（平成28）年9月にi Smart Technologies株式会社（iSTC社）を設立しました（次頁図3.1）。

iSTC社のミッションは、「中小企業の生産性を向上する」ことです。

社長は私が旭鉄工と兼務しています。2018（平成30）年1月現在、メンバーは8名。全員が旭鉄工からの出向です。

旭鉄工から別会社として独立させたのは、少人数で小回りのきく組織のほうが判断も実行もスピーディーにできるからです。

オフィスは、旭鉄工内の元独身寮を改装しました。旭鉄工本体とは全く雰囲気の異なるガラスウォールで仕切られたオフィスです。

当初はガラスウォールにフィルムを貼って見えないようにする予定でしたが、社員からこのほうがカッコいいという声があったので、そのままになりました。

壁には8台のモニターを設置しています。これらは、旭鉄工内およびタイ工場のラインの稼働状況を常時映し出しています（次頁写真3.1）。

iSTC i Smart Technologies

図 3.1　「i Smart Technologies」社ロゴマーク

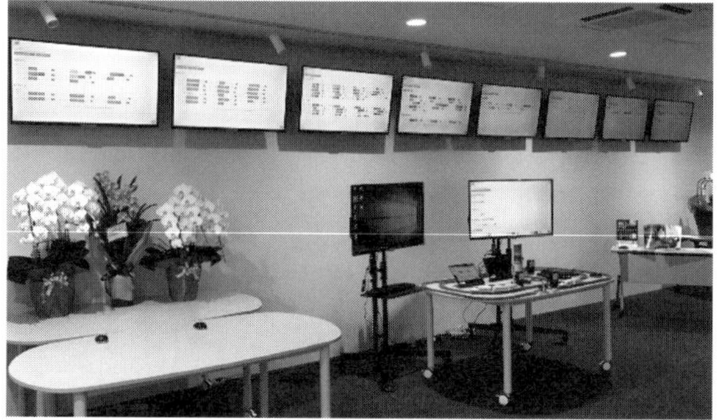

写真 3.1　iSTC 社の社内には8台のモニターが設置されている

(2)　これまでの導入実績（2018 年 1 月現在）

このiSTC社は2017（平成29）年初頭より、他社へのサービス提供を始めました。

現在、システムをご利用いただいているお客様は約100社。そのうち、80％弱が従業員数300名以下の中小企業です。これは私たちの狙い通りであり、大手ベンダーとは全く異なる顧客層だと推察します。

地域としては中部と関東が中心ですが、現在、多くの地域の商工会議所などから講演会の依頼を受けており、私たちのシステム・ノウハウを中心にした改善活動の輪は、今後、これ以外にも広がるでしょう。

(3)　海外展開

(ⅰ)　タイ現地法人でも「製造ライン遠隔モニタリング」を始動

さらに現在は、日本の中小企業もその多くが海外に工場や関連企業、仕入先を抱えています。ところが文化や国情の違いから、経営・管理・

連携がむずかしく、下記のような問題が発生しているケースが少なくありません。

① 生産状況が把握できない
② 生産状況の把握に時間がかかる
③ 従業員のレポートの信頼性が低い
④ 改善が進まない

私たち旭鉄工も、タイ王国に現地法人のSAM（Siam Asahi Manufacturing）を持っています。この工場でも長年、前述のような問題に悩まされてきました。そこで、現地法人でも改善活動を進め、問題解決を図るべく、すでに述べたように2017年7月中旬から「製造ライン遠隔モニタリング」を開始しました[01]。

（ii） 海外法人に対する「製造ライン遠隔モニタリングサービス」事業の開始　この試みが改善実績を積み上げてきたことから、SAMを「製造ライン遠隔モニタリングサービス」の営業およびサービス拠点とし、タイ王国国内を中心とした東南アジアのお客様へのサービス展開を開始しました。

従来型のIoT化のように大掛かりなシステム導入がむずかしいと思われていた、規模が比較的小さく労働集約型の現地工場でも、当社のシステムであれば容易に導入できます。また、私たちの現地法人で蓄積したノウハウを共有することができますから、運用面でも強力に支援できると確信しています。

（iii） タイ現地法人における「ラインストップミーティング」

またタイの現地法人でも「ラインストップミーティング[02]」を開始しま

注01 第2章2.1(1)参照。
注02 第1章1.4(2)参照。

写真 3.2 「ラインストップミーティング」は前日のデータをグラフ化し、それを見ながら行われる

した。

「ミーティング」には、日本で同様の経験を積んだ工場長、部長クラスの２人が参加し、現地法人のタイ人メンバーの報告に対してアドバイスをするという形をとりました。

流れは以下の通りです。

――毎日決められた時間に集まり、10～15分ほどの「ミーティング」を行います。「ミーティング」は、当社日本工場と同様に、生産現場に設置したボード[03]の前で行われます。ボードには、サイクルタイムモニターから前日のデータをエクセルにコピーペーストし、グラフ化したものを貼り出し、それをみながら参加者が話し合う――というものです(写真 3.2)。

(iv) 現地スタッフの変化と効果　「ミーティング」の開始にあたり、まずは「サイクルタイムモニター」の説明から始めましたが、そもそもタイ人はIT技術に関心が高く、それを利用した「ミーティング」であるということで、たいへん積極的に取り組んでくれました。

問題はやはり言葉の壁です。

解決策として、通訳を介して報告を行う体制を整えました。しかし生産現場でのやりとりには専門用語が多いため、情報が十分に伝わらないことが頻繁にありました。そこで現在では、タブレットやスマートフォンを駆使するとともに、身振り手振りを交えることで、言葉の壁を乗り越えつつあります。

タイ人の場合、チーム（団体）での行動を好む傾向が強いようです。

しかし仕事の場では、日本で言う「ほうれんそう（報告・連絡・相談）」への理解度が低く、生産性の向上を妨げているケースが多いようでした。「ラインストップミーティング」はこの点の改善にたいへん効果的でした。

サイクルタイムモニターからはじき出されるデータと、ターゲット（目標値）との差が一目瞭然となったことで、自分たちのラインにおける問題点が明確になり、それがスタッフ同士のコミュニケーションを活性化させる要因となったのです。コミュニケーションの活性化はチームワークを生み出します。そしてチームワークは、自分たち自身で問題を解決しようという意欲につながります。

このようにタイ現地法人では、サイクルタイムモニターと「ミーティング」が両輪となって、改善が進み出しました。

（v）　タイ王国工業省と覚書を締結　　こうした活動が認められ、2018年5月11日に、当社（iSTC社）は、タイ王国工業省と覚書（MOU: Memorandum of understanding）を締結しました（次頁写真3.3）。タイ王国工業省は、当社のIoTモニタリング技術の導入と発展を促進。一方、当社は、タイ王国における生産性向上と「タイランド4.0」（タイ王国におけるIndustry 4.0）の実現に貢献することを、互いに約束する

注03　第1章1.4(2)(v)参照。

写真 3.3　左からタイ王国工業省ウッタマ工業大臣、筆者、DIPコブチャイ局長、東洋ビジネスエンジニアリング大澤正典社長、佐渡島志郎駐タイ日本国大使

ものです。

本書「はじめに」でも述べたように、当社システムには、①少ない初期投資で済む、②古い設備でも導入可能、③導入の簡便さ、という3つの特徴があります。これが、古い設備の多いタイ王国の中小工場に適しているという点が、覚書を締結した最大の理由となりました。

同年4月末より、タイ王国工業省の支援の下、タイの中小企業7社合計20ラインで実証実験を開始しています。既存の設備は、シグナルタワーもPLCもなく、単独で稼働している設備がほとんどで、大手ベンダーが提供する大掛かりなシステムでは稼働情報の収集すらできないものでした。そこで当社は、20ライン中16ラインにはリードスイッチ[04]、残りの4ラインには、シグナルタワー以外のランプなどに光センサー[05]を貼り付ける方法で、データ収集を可能にしました。すでに残業時の生産性の低さや作業者によるサイクルタイムのばらつき、可動率の低さなどが「みえる化」されたとの報告を受けています。

今後はタイ王国においても、導入企業の拡大と同時に、日本同様に、ビッグデータの解析による改善ポイントや生産性向上余地を定量的に提示するサービスを提供する予定です。さらには、これも日本同様に、当社サービスを使いタイ国内で指導できる人材の育成にも力を注いでいきます。

(4) 非製造業への応用

さて、当社のサービスは製造業だけのものではありません。それ以外にも広く応用が可能です[06]。

たとえば、当社のシステムは、ある食料品販売会社のレジでのお客様対応時間を「みえる化」することに成功しました。

現場で使用していた既存のレジを改造せず、システムを後付けすることで手間やコストを省きました。システムが集めたデータは詳細に分析され、今後、レジ待ちの時間短縮などといった改善活動に用いられる予定です。

このように、当社のIoTシステムは、シンプルな構造であり、なおかつ自社がゼロから開発したからこそ、アイデアや工夫次第で、これまでIoT技術を活用できなかったさまざまな産業分野へ応用できる、大きな可能性を秘めています。

(5) フリービット社との連携

さて、iSTC社は2017年4月に、フリービット株式会社[07]（以下フリービット社）と業務提携し、ネットワークインフラの提供や商材の相互提案等を通じて、両社が注力するIoT事業の拡大に向けて戦略的連携を推進していくことを発表しました。

フリービット社は、日本全国のISPやマンション向けにネットワークを提供するブロードバンド事業をはじめ、モバイル事業、クラウド事業、

注04　第1章1.6(1)(v)①参照。
注05　第1章1.6(1)(v)②参照。
注06　第2章2.5(8)参照。
注07　本社：東京都渋谷区、代表取締役社長：田中伸明氏。http://freebit.com/

アドテクノロジー事業、ヘルステック事業等、特許取得技術を含む最先端のテクノロジーと市場のニーズを先取りするマーケティングを組み合わせて、幅広い事業分野で新たな価値を創造するソリューションを提供しています。

この提携により、フリービット社は、IoT SIMを中心としたネットワークソリューションの提供を通じて、IoTサービスの開発と拡充を図るとともに、商材の相互提案を行うことで、顧客の相互送客と新規顧客の獲得の促進を目指します。

現在、当社は、IoTシステムの受信機からインターネット経由でクラウドにデータを上げる際に、フリービット社の専用通信網を使用しています。

通常よりも高いセキュリティレベルが実現されているからです。

さらに、追加料金が必要にはなりますが、お客様のご要望によりデータ閲覧側も閉域網での通信環境構築が可能です。この場合、通常のインターネットとは切り離された環境となるので、よりセキュリティレベルの高いシステム構築が実現可能です。

3.2 IoT化による改善支援事業を本格化

(1) 改善アイテムの展開

このように私たちは、IoT化による改善支援事業を本格化させています。すでに次のような実績を積んでいます。

(ⅰ) 鍛造メーカーの事例　ある鍛造メーカーから、「仕入れる部品の原価を下げる」ことを目標とする改善支援活動を依頼されました。

改善対象は「材料切断→加熱→ハンマー鍛造→トリミング」という諸工程のうちの、「ハンマー鍛造」です（写真3.4）。

その現場では、加熱された棒材を作業者が持ち上げて金型の上に置くという動作があります。作業者は数キロもある棒材を250mmも持ち上

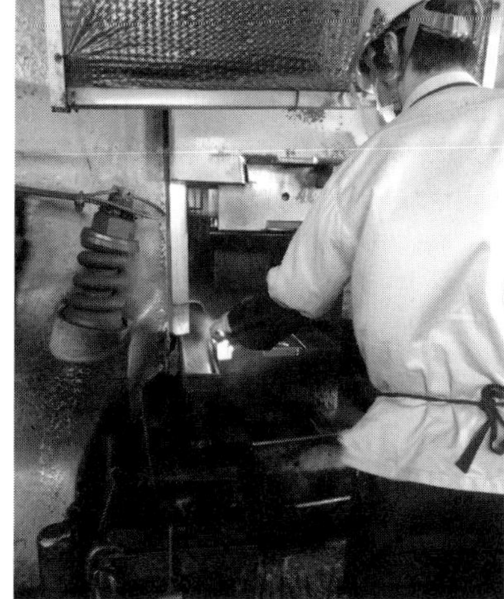

写真 3.4　ハンマー鍛造の工程

写真 3.5　汎用ジャッキで金型の高さを調節できるように改善

げなければいけません。これは大きな負担であり、蓄積された疲労が作業遅滞の原因のひとつとなっていました。

そこで、棒材が作業者の手元に流れてくる時の高さを、自動車修理に用いる汎用ジャッキを使って、金型の高さに調節できるように工夫を施しました（写真 3.5）。

これで作業者の疲労は軽減され、終日安定した生産ができるようになり、「時間当たり出来高」は 496 個から 549 個へと 10％も向上しました。

（ⅱ）　焼入メーカーの事例　　また、ある焼入メーカーの改善指導では、従来、手作業だったエアブローを自動化したり、作業者の動きを小さくして時間と労力を節約したりする「作業の手元化」などを行いました。

これらの工夫により、「時間当たり出来高」を 51.4 個から 93.3 個と 82％も向上させることができました。

（ⅲ）　当社システム導入メーカーの自主改善レポート　　以下は、当社の IoT システムを導入し、それを利用して、自社で改善活動を進

成形機1号機・ 設備稼働

品番：CT=67秒

設備稼働	計画停止
設備停止	ちょこ停
金型変更	成形立ち上げ
昼休憩	試作
手取り生産	品番切替
金型洗浄	

Copyright(C) 2016 i Smart Technologies Corporation All Rights Reserved

図 3.2　停止要因をシステムに登録しておく

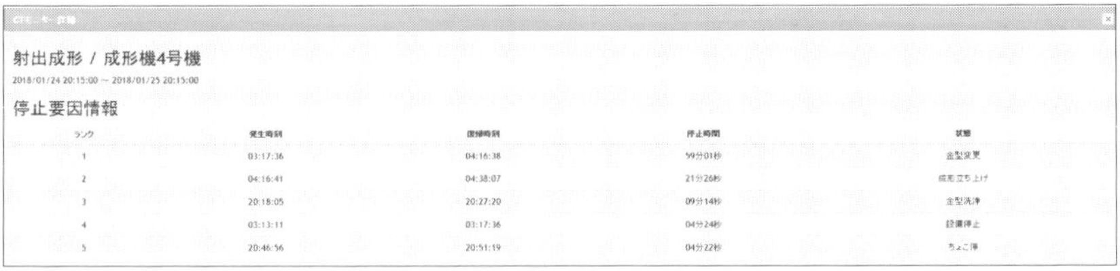

射出成形 / 成形機4号機

2018/01/24 20:15:00 ～ 2018/01/25 20:15:00

停止要因情報

ランク	発生時刻	復帰時刻	停止時間	状態
1	03:17:36	04:16:38	59分01秒	金型変更
2	04:16:41	04:38:07	21分26秒	成形立ち上げ
3	20:18:05	20:27:20	09分14秒	金型洗浄
4	03:13:11	03:17:36	04分24秒	設備停止
5	20:46:56	20:51:19	04分22秒	ちょこ停

図 3.3　停止が発生した時点で、その要因をタブレットに登録できるようになった

められた「技研株式会社[08]」からのご報告です。

技研株式会社の押野です。自動車用サイドバイザーという、アクリル製の自動車部品射出成形工程の改善事例です。

5 台の射出成形機の可動率向上と成形サイクルタイム短縮に取り組みました。

まずは主要な停止要因についてシステムに登録し、その停止が発生した時にタブレットで要因を登録できるようにしました（図 3.2、3.3）。

そうすると、①金型変更（段取り替え）、②成形立ち上げ（材料切り替え・調整作業）、③金型洗浄による停止、の 3 つが多いことがわかりました。

また、④稼働率が低い設備がある、ということもわかりました。

可動率向上の取り組みとして、①②に対し下記の対策を行いました。

① 金型変更（段取り替え） 外段取り作業の役割、担当者のみえる化を行い、外段取り化を進めることで金型変更時間を削減しました。

また、生産指示方法の見直しを行い、成形日報の転記作業、取り置き移動時間を削減しました。

② 成形立ち上げ（材料切り替え・調整作業） 昼休憩時の成形機の停止を削減して、連続成形することで、休憩前後の成形機停止時間を削減しました。

これらの改善を、データをもとに実施することで可動率が73.8%→81.2%と7.4ポイント向上しております。

本システムの導入により、設備の可動状況を共有することができるようになり、現場作業者の設備停止要因、時間に対する意識が向上、管理者が現場に関心を寄せて社内コミュニケーションをとることで、社員全体のモチベーションの向上につながりました。

また、取り組むべき課題が明確になり、「段取り替え工数の削減」「成形立ち上げ調整作業の短縮」「成形機・金型メンテナンスの外段取り実施」「稼働率が低い設備の停止、サイクルタイム短縮による他成形機への集約」を引き続き、取り組んでまいります。

(2) 改善活動は運営方法が成否を分ける

こうした改善活動では、どこをどのように改善するかという点と同様に、改善活動の運営をどのように進めるかが重要であることは何度も述べています。

たとえば旭鉄工では、改善活動を円滑に進めるために、目標と現状の

注08 自動車用品製造。1960年設立。資本金9980万円。社員数335名（2014年4月現在）。http://www.gikenkk.co.jp/

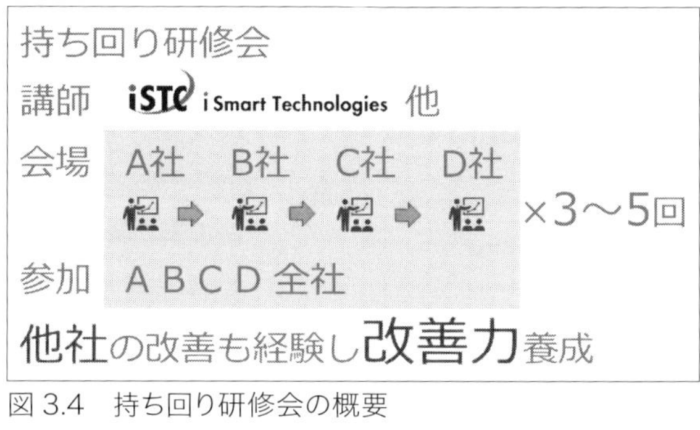

図 3.4　持ち回り研修会の概要

位置、スケジュール、改善アイテム等を掲示した「改善ボード[09]」というものを作り、改善活動の現状が現場において一目でわかるようにしています。

この「改善ボード」の掲示内容や「ラインストップミーティング」の実施方法、問題点の見つけ方など改善活動を進めるノウハウを、当社では十分に蓄積しています。これらによって、各社の実情に合わせた IoT 化を含む改善活動のアドバイスが可能になるのです。ただハードやアプリを開発しているだけではない、当社ならではのノウハウが、ここに詰まっています。

(3)　座学および現地現物での見方の指導

こうしたノウハウは、テキストや講義といった座学、および現地現物を用いた支援・指導によって、みなさんに伝えていこうと考えています。

(4)　「持ち回り研修会」の実施

(ⅰ)　方法と目的　(3) のような考えに基づき、当社は、IoT システムを導入されたお客様に対し、複数の企業を集めて実施する「持ち回り研修会」への参加をお勧めしています（図 3.4）。

研修会の主な目的は、「改善力の養成」と「人材育成」です。

会では、参加企業のひとつが改善現場を提供し、その現場に全社が集まります。そして現場の状況やデータといった生の素材に接しながら、当社のインストラクターが改善の切り口や事例について講義をしたり、ヒントやアドバイスを与えたりします。この一連の作業を3～5回繰り返し、IoTシステムを用いた改善活動が、どのような視点や考えによって進んでいくかを理解するという流れです。

参加した企業は、自社にはない考え方に触れ、問題解決のスキルを高めることができます。一方、改善現場を提供する企業も、研修の素材となることが励みとなり、改善をスピーディーに進めることが可能となります。

なぜ、このような研修方式にしたのか？

それは、改善においては、見方さえわかってしまえば「なんだ！ そうやればいいんだ」というケースが多いからです。

したがって、「持ち回り研修会」では、当社のインストラクターはヒントやアドバイスを与えるだけです。質問には答えますが、改善策は参加者に考えていただきます。当社のベテラン社員やコンサルタントを送り込んで、短期間で改善を進めることは簡単です。しかし自分の目で見て、自分の頭で考えないことには、「なんだ！ そうやればいいんだ」と気づく力が育たないのです。

改善活動を継続して推し進めることのできる人材を育てるには、この「持ち回り研修会」は最高の舞台です。

（ⅱ）「持ち回り研修会」報告　①　インストラクターによるレポート　当社は、2017年に、この研修会を、愛知県碧南（へきなん）市内の4社で試験的に実施しました。

インストラクター[10]には、当社の考えに深くご賛同いただいている経営コンサルタントの外山優氏に依頼しました。

注09　第1章1.4(2)(ⅴ)参照。
注10　第3章3.3(7)参照。

以下に、外山氏のレポートを掲載します[11]。

【実施概要】

中小企業診断士事務所マスタープランズ・コンサルティング代表の外山です。

今回はi Smart Technologies社の製造ライン遠隔モニタリングサービスを使い、下記4社の改善指導を実施しました。

A社	切削加工業	40名弱	工数削減、従業員教育
B社	切削加工業	40名弱	工数削減
C社	塗装業	15名	従業員教育
D社	研磨加工業	40名弱	生産能力確保、従業員教育

いずれも愛知県碧南市の中小企業で、規模は大きくありません。

従来だとIoT技術を使ったモニタリングサービスなどというものには縁遠いみなさんです。

【研修会の要点】

今回は、人の作業のばらつきに着眼した改善を実施しました。

トヨタ生産方式には「時間は動作の影」という言葉があります。時間がばらついていれば、それは動作のばらつきを意味します。

従来からばらつきを見える化し改善活動に生かしたかったのですが、作業のサイクルを計測し、記録し、エクセルなどに入力して見える化するという手順が必要になります。

ばらつきを把握するにはそれなりの回数のサイクルを計測する必要がありますからあまりに手間がかかり、実際に運用することはむずかしい面がありました。

【研修会の成果】

i Smart Technologies社のサービスを用いると全サイクルの時間が自動で収集できますから一番たいへんな測定の部分が省略できます。収集されたデータをPCの画面上でエクセルにコピーペーストするだけで作業時間のばらつきを見える化するヒストグラムを作成できます[12]。

すると、サイクルタイムのばらつきはもちろん、作業時間の人による差、時間帯による差、などが視覚的に把握できるようになりました。

グラフによる見える化の威力は絶大で、

「サイクルってこんなにばらつくのか！」

「人によってこんなに作業時間が違うとは！」

「疲れてくるとサイクルが延びるっていうのは気がつかなかった！」

「こんなに細かい停止があるの？」

などという声が上がってきました。

サイクルタイムのばらつきにはいろいろな原因がありますが、主には

・作業のやり方を教えていない

・そもそも標準作業がない（作業者任せ）

・習熟しないとできない作業がある

・出来高意識が低い

などがあります。

そして、その対策には、

・作業の統一、教育を行う

注 11　外山氏のレポートは、編集の都合上、文章に適宜修正を加えている。ただし内容には修正を加えていない。

注 12　2017 年末に自動でグラフ化する機能が実装され、より便利になった。

・出来高の目標をつくる
・道具を揃えてむずかしい作業をやりやすくする

があります。

さて、実際に改善するにあたっての主なテーマは(a)意識改善、(b)環境改善、(c)作業改善の３つです。

(a)意識改善　システムを取り付け、まずは目標をはっきり掲示し出来高管理と改善のミーティングを開始します。特にそもそも改善の企業風土がない場合も多いのでまずはここから。従業員の方々を改善に巻き込むことで改善意識をつくることが大事です。

(b)環境改善　ばらつきを減らすためには「やりにくい作業」をなくしていくことが大事です。まずは「仕事のやりやすさ」「すぐできること」に着目して、改善を行います。従業員の方々に「改善のうれしさ・メリット」「自信」を体験してもらう。物の置き場所を変えたり、作業場所を変えたり、照明を追加したり。モタモタしていたりやり直したりしているところに着目するといいでしょう。もちろん、うまくいかないこと、むずかしいことも出てきますが、それが「次はこうしたい！」「こうなればいいのに……」という課題につながっていきます。

(c)作業改善　「作業のやり方」「人」に着目して、サイクルタイムの短縮・可動率の向上を図ります。作業方法を見直ししたり、作業そのものを廃止したり。現場は従来の作業が当たり前になっているのでよく観察すること、また目標を高く持ってみんなで知恵を出すことが大事です。

今回は４社による持ち回り研修会を各社３回ずつ行いました。合計12回みなさんが参加したことになります。

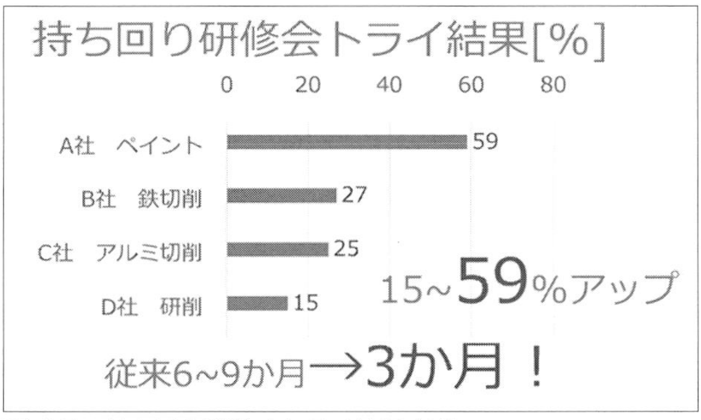

図 3.5　持ち回り研修会トライ結果（%）

その結果、4社で時間当たり出来高が15～59%アップと思った以上の効果をあげることができました（図3.5）。

【参加者の声】

また、参加したみなさんからは次のような声が寄せられました。

「従業員や管理監督者が目標を持って仕事をするようになった」

「課題を見つけみずから改善をするようになった」

「生産性を数値で管理する重要性を改めて認識した」

「社内に少しずつ改善意識が生まれ始めた」

「今回改善対象としたライン以外にも横展開したい」

「残業が減少して労務管理が楽になった」

「もっと早くこのシステムに出会いたかった」

「今後もモニタリングシステムを活用して、今回の成果を継続させていきたい」

【参加各社へのアンケート結果】

また、今回の事業終了時に参加各社にアンケートを実施しました。

この結果によると、中小製造業では生産性（時間当たり出来高）の指標管理が必要とは感じながらも、「人手がかかる」「データの測定が行いづらい」などの理由から、実際には管理ができていないことがわかりました。

また、今回の取り組みでは参加各社がデータを現場に掲示したり、ミーティングの場で見せたりするなどして従業員と情報共有を図っています。これが従業員の巻き込みにつながって成果を出すことができた大きな要因となっていると考えています。

今後の活用方針については、ほぼ全社がIoTの活用を前向きに考えているため、今回使用したモニタリングシステムは中小製造業が待ち望んでいた、たいへん有用なシステムだと考えています。

【インストラクターとしての感想】

私はこれまで数多くの中小製造業の生産性改善のコンサルティングを行ってきましたが、これまでのコンサルティングのやり方では、最初の「現状把握」の段階に平均約3ヶ月という長い時間を割かなければならず、成果が出るまでに時間がかかっていました。また、現状把握の手間から途中で改善活動をあきらめてしまう企業もありました。今回の取り組みではデータ収集が合理的にできるためそのような悩みはなく、さまざまな業種の企業が集まる中でも、通常なら6〜9ヶ月かかるような内容の取り組みを3ヶ月で終わらせることができ、また当初想定していた以上の成果を出すことができました。

②　参加者の声　　今回の研修会に参加された杉愛工業株式会社[13]の次期社長である杉浦洋一氏からは、以下のような感想を頂戴しました。

「今回、目標の10%アップに対し25%アップという大きな改善効果を出すことができました。これまで、弊社では1日単位での生産数を記録するのみで、その数字を改善に使ったりということはできていませんでした。それが、今回の取り組みでは時間当たりの出来高が正確にわかり、またその目標の設定も明確にすることでまず従業員の意識づけができました。そして、1回1回の作業時間が正確にわかるようになったので作業のばらつきが見えるようになりました。そこで、エアブロー（製品に圧縮空気を吹き付けゴミや油を飛ばすこと）や検査の手順をしっかりと規定したり、やりにくい作業をやりやすくする環境を整えることで作業のばらつきを低減でき、出来高が向上しました。残業が減り短期的には収入が減るので必ずしも従業員には歓迎されませんでしたが、生産性を向上させより多くの仕事をこなしていくことで結果的に収入が増えていくと説明し納得してもらっています。今後はこの改善活動の対象ラインを社内で広げ、会社全体として生産性を向上させていこうと考えています。」

③　専門家の声　　この研修会にオブザーバーとしてご参加いただいた中京大学経営学部の渡辺丈洋教授[14]にもコメントをいただきました[15]。

「私はこの遠隔モニタリングシステムを初めて見せてもらった時に、生産性向上と人材育成のための『うまい、早い、安い』画期的な道具であり、特に中小企業にぴったりのものだと感銘を受けました。生産性向上であれ何であれ、認知して判断して行動して、結果が出ます。

トヨタ生産方式では『時間は動作の影』と言いますが、たとえば1日に必要な製品500個を作るのにかかった9時間20分という結

注13　切削加工業。社員数35名。
注14　第3章3.3(8) 参照。なお、教授は、著者のトヨタ自動車生産調査部時代の先輩にあたる。
注15　渡辺教授のコメントには、編集の都合上、文章に適宜修正を加えている。ただし内容には修正を加えていない。

果は、それらを1個ずつ作った一つひとつの動作を映す影にすぎない、だからかかる時間を短縮して生産性向上という結果を得るためには、動作をきちんと見て、直すべきことは直しなさい、という意味です。

しかしまずその影をとらえること自体が、なかなかむずかしいのです。

ひとつには、生産日報や生産管理板も大切な道具ですが、その数字は現場の人が毎時間きちんと記録して、また異常があれば、これに何分何秒止まったと書いておく必要があります。管理監督者が十分確保できない中小企業では、それを徹底して行うのはなかなかむずかしい面もあります。

もうひとつには、生産日報や生産管理板の数字は、影をまとめたものであって、大まかにこのラインは調子が悪かった、とか、いつも残業になっている、ということはわかるけれど、一つひとつの影を鮮明には映してくれないので、かなり真剣に対峙し続けないと、一つひとつの動作までたどって直すというアクションに結びつきにくいきらいがあります。

それに対して、この遠隔モニタリングシステムは、今までぼわっと見えていた影を、一つひとつサイクルという影にして伝えてくれるよさがあります。『毎回こんなに作業がばらついている』とか『この時刻に何分何秒止まった』という影を、一つひとつ数字で教えてくれます。

ここまでくっきり影を示してくれると、現地現物で、『いったい何が起こっているのか？』と、現場で起こっていることを真剣に見て、見えたものを直していくアクションに結びつきます。このインパクトの大きさは、実際に導入して改善活動をされた中小企業の生産性向上成果が、如実に示しています。

しかも、一つひとつのサイクルだけ、安価なセンサーからとらえて、リアルタイムで自動的にスマホやパソコンに示してくれる、という手軽で安い道具なので、大掛かりなシステム構築もいりません。設備との連携も不要なので、DIYで取り付けて、自分が持っているスマホですぐに見ることができます。盛んにIoT時代と言われている中で、早くて安い、中小企業でも導入しやすい、賢い道具だと言えます。

そして、決定的にいいのは、この遠隔モニタリングシステムを導入しても、動作の影を見ただけでは何も結果が変わらない、むしろそのインパクトのある影を追いかけて、現地現物で現場の困り事ややりにくい作業を見つけて、みんなで改善する方向に促す、という力を持っていることです。

人は目で見たことに反応します。『前回は68秒だったけれど、今回は71秒だ』という数字が見えて不思議に思ったり、ある設備が5分止まるのが毎日10回もあるのに驚いたとしても、なぜそうなのかは現地で現物を見なければわからない。

経営者・管理者から、現場の作業者まで、みんながその数字を共有できるので、改善も進むし、改善した結果もリアルタイムで見え、モチベーションも上がり、改善に携わった人たちの人材育成になります。

このように中小企業が、生産性向上で人材不足を克服し、また次世代の人材育成につなげることもできるのです。今後どんどんこの輪が広がっていくと確信しています。

また、このシステムは、データが蓄積できて、必要に応じて蓄積したデータをたとえば時系列的に分析できますし、アプリなのでデータの表示方法などは改善に使いやすいようにどんどん変えていくことができるなど、実際さまざまな機能が追加されています。ニーズに合わせて今後も発展していく道具である、という点も、大きな魅力だと思います。」

3.3 データ収集の、その先へ――ドイツ版 Industry 4.0 と日本版 Industry 4.0(Connected Industries) の違いをふまえて

2016 年、私は経済産業省から派遣される中小企業団の一社として、ドイツ・ハノーファーで開催された CeBIT[16] に参加し、中小企業向けのソリューションを数多く見てきました。

しかし、「中小企業向け」をうたいながら、実際は高価で、大掛かりなものが多いと感じました。たとえば、次に取り出す部品をプロジェクションマッピングで指示、作業者が指示通り取り出すと、その部品を付けるべき場所をまたプロジェクションマッピングで指示、という製品がありました。たしかにこれを使えば、知識のない人でもすぐに仕事にとりかかれるでしょう。しかし生産性は向上しません。

「Industry 4.0[17]」という言葉があります。

2011（平成 23）年にドイツ政府が発表した国家的戦略プロジェクトのことです。IoT の普及による製造業のスマート化を、国家がトップダウンで推進しようという目論見です。

その後、先進国がそれぞれの「Industry 4.0」を発表しました。

日本は 2017 年 10 月に「日本版 Industry 4.0」ともいうべきコンセプト「コネクテッドインダストリーズ（Connected Industries）東京イニシアティブ 2017」を発表しました。

このコンセプトは、「従来、バラバラに収集されていたさまざまな業種、企業、人、機械、データをつなげ、AI などによって、新たな付加価値や製品サービスを創出あるいは生産性を向上させ、高齢化や人手不足、環境・エネルギー制約などの社会的課題を解決することを通じて、産業競争力を強化し、国民生活の向上と国民経済の健全な発展を目指す」[18]

ことをうたっています。

このコンセプトを立案した背景には、ただIoT化やAI化をあおるのではなく、「日本の強みであるリアルデータを核に、支援を強化」[19]しようという考えがあります。

現在、日本でも、IoT技術を用いたモニタリングシステムを提供している会社は数多くあります。しかしながら、そのほとんどは現場で使いづらく、また、収集したデータを有効活用できていません。まるで「ドイツ版Industry 4.0」をそのまま移植したようなシステムづくりに終始しています。

その点、本書を読んでいただければわかるように、当社のシステム、そして目標とするところは「コネクテッドインダストリーズ（Connected Industries）東京イニシアティブ2017」のコンセプトと非常に高い親和性を持つと言ってよいでしょう。

私たちは「データ収集の、その先へ」向かうことを目指します。

それは、とりもなおさず「データで人の力を引き出す[20]」ことです。

（1） データには「基準」が必要

たとえば、データを見て判断するには何らかの「基準[21]」が必要です。多く集まれば集まるほど、「基準」の正確性は高まっていきます。

IoT技術を用いてデータを収集すると、人を介して集めた場合とは桁違いに大量のデータを収集することができます。

そのデータを整理していくことで「基準」を生成することができます。

注16　セビットと読む。国際情報通信技術見本市。
注17　第四次産業革命とも訳される。第一次は製造業に水や蒸気を機械の動力源に利用したこと、第二次は電気の利用による大量生産、第三次はコンピュータ制御による生産工程の自動化を指す。
注18　経済産業省「Connected Industries　東京イニシアティブ2017」p.7参照。http://www.meti.go.jp/press/2017/10/20171002012/20171002012-1.pdf
注19　同上p.2参照。
注20　この考えは当社がIoT化に取り組んだ当初から一貫している。たとえば第1章1.1(3)を参照。
注21　「基準」は「相場」と言い換えることもできる。たとえば、「可動率の基準（相場）は約80%」という用い方をする。

（2） 旭鉄工の改善前後のデータ比較

旭鉄工では、これまで 140 以上のラインについて稼働状況の時系列データを収集し、80 ラインで改善を実施しました。

そして、主要 KPI（Key Performance Index）を、

① サイクルタイム
② 可動率
③ 時間当たり出来高

の 3 つと想定しました。この 3 つの KPI の関係は、次の式で表されます。

$$時間当たり出来高 = \frac{3600}{CT} \times 可動率$$

これらについて、改善前後のデータを比較しました。

横軸にサイクルタイム（①）の短縮率、縦軸に可動率（②）の向上率を取ります。そうすると、右肩下がりの等高線が引けます。これが時間当たり出来高（③）の向上率になります（図 3.6）。

（ｉ） サイクルタイム[22]　「サイクルタイム」が改善前に比べてどのくらい短くなったかという「短縮率」について、改善前後で整理しました。

たとえば、短縮率が 60％とは、サイクルタイムが 60％短くなったことを意味しています。これを 80 ラインすべてで算出しました。

すると、合計 80 ライン短縮率の平均は 16％、最大 59％だったということがわかりました。

短縮率が最大の 59％だったのは、旭鉄工タイ現地法人向けの検査ライン（図 3.6 中「A」）でした。このラインは、主に手作業の改善が成功したことにより、大幅な短縮を実現したことがわかりました。

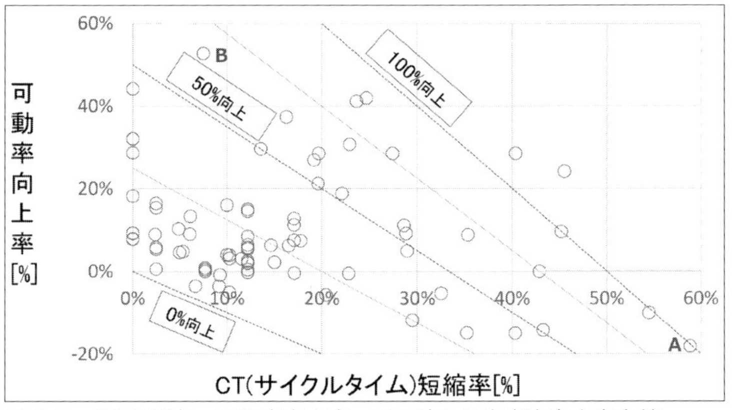

図 3.6　CT短縮率、可動率向上率、時間当たり出来高向上率実績

(ⅱ) 可動率[23]　可動率を低下させる要因としては、

① 異常による停止
② 段取り替え
③ 箱替えなどの付帯作業

などがあります。可動率 100％が改善活動の目標です。

旭鉄工の 80 ライン向上率の平均は 10％、最大 53％だったということがわかりました。

最大の向上幅を記録したのは、バルブガイド A-3 というライン（図 3.6 中「B」）です。頻発停止改善が、大きな効果をあげた要因でした。

しかしながら、可動率が下がったラインもいくつかありました。

たとえば前述の旭鉄工タイ現地法人向けの検査ラインでは 18％低下しました。

注 22　第 1 章注 02 参照。
注 23　第 1 章注 06 参照。

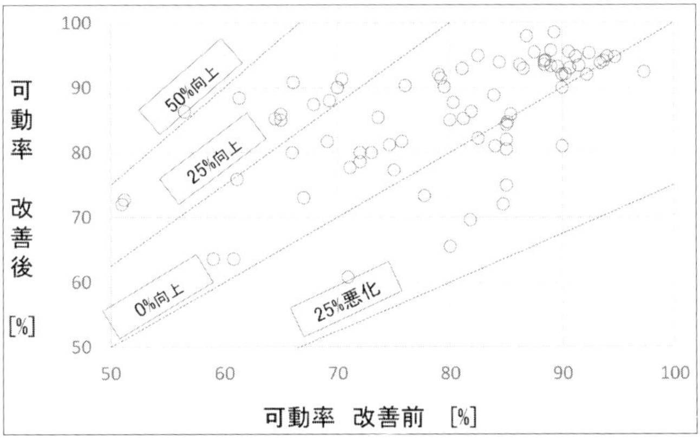

図 3.7　可動率改善前後比較

原因は、サイクルタイムを 59%短縮したことで、相対的に段取り替えや箱替えなどの付帯作業の割合が大きくなったためでした。しかし、可動率低下分以上にサイクルタイム短縮が実現できていたため、「時間当たり出来高」は 199%と約 2 倍に向上しました。

また、改善前後の可動率の比較をしました（図 3.7）。

この図 3.7 では、さまざまな種類の工程を同時にプロットしています。しかし、これら工程の種類や段取り替えの有無などによって、大きな違いを生むことがわかってきました。そこで現在では、より詳細なデータ分析を進め、各特徴によって整理したグラフを作成。これらの結果に基づいた、より信頼度の高い基準の形成を進めています。

（ⅲ）　時間当たり出来高　　上記サイクルタイム短縮率と可動率向上率で「時間当たり出来高」の向上率が決まります（図 3.6 の等高線）。

旭鉄工の 80 ラインにおいては、「時間当たり出来高」の向上率は平均 34%、最大 128% でした。

サイクルタイム短縮率と可動率向上率との関係を見ると、サイクルタイム短縮率が大きなケースでは、可動率向上率が小さいか、もしくは悪化するケースが存在することがわかりました（図 3.6)。これはサイクルタイム短縮率が大きくなる――つまりサイクルタイムが短くなる――と相対的に箱替えや段取り替えなどの時間が長くなるためです。

(3)　生産性向上余地（改善ポテンシャル）

「サイクルタイム」と「時間当たり出来高」については、工程の構成や製品の種類等の違いの影響が大きく、単純にライン間での優劣をつけるのは困難です。

しかし、「可動率」については、工程の種類や自動／手動の別、段取り替えの有無などにより分類すれば、改善活動の優劣をつける「基準」が設定できそうだということが、旭鉄工の改善後のデータからわかりました[24]。

これを当社では「生産性向上余地」もしくは「改善ポテンシャル[25]」と呼んでいます。

グラフは工程種別および自動／手動の区分に関係なく、旭鉄工における 80 ライン分の改善後の可動率をプロットしたものです（次頁図 3.8)。図 3.7 と図 3.8 については工程別に整理したデータも存在していますが、こちらは、ご契約いただいたお客様に開示していく予定です。

後述 (5) の「ライン診断レポート」においても、この「基準」を利用して、それぞれのお客様の製造ラインの「改善ポテンシャル」を定量的に示すことができるようになりました。

たとえば、あるお客様の製造ラインの可動率測定結果が 50%、当社が改善を手掛けた同種の工程の「基準」が 80%だったとします。

この場合「80 ÷ 50=1.6 倍」の「時間当たり出来高」が可能だろうということです。これが「改善ポテンシャル」です。

前述したように、「サイクルタイム」については現在のところ「基準」

注 24　もちろん、評価にあたっては、そのラインに特別の事情がないかどうかを精査する必要がある。
注 25　本書では、以降「改善ポテンシャル」と表現する。

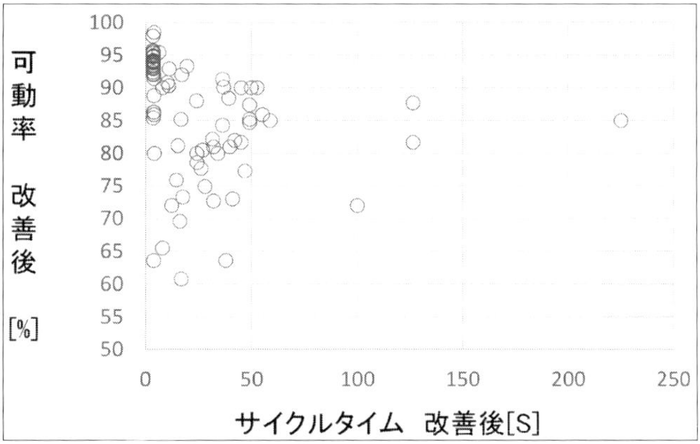

図3.8　サイクルタイムと可動率分布(改善後)

をつくるのはむずかしいと考えています。しかし､別の手法によって「改善ポテンシャル」を算出できるのではないかと目下検討中です。

このようなわかりやすく提示できるデータを収集している会社は、世界でも当社だけでしょう。

(4)　無料お試しキャンペーン

このように、私たちのシステムは低コストであるだけでなく、導入・運用についても、多くの中小企業の方に多大なメリットを感じていただけるものだと自負しています。

しかしながら、従来のやり方を劇的に変える私たちの方法の導入に二の足を踏むというみなさんの気持ちもわかります。

そこで、お客様の当社サービス導入のハードルを下げるため、「無料お試しキャンペーン」を実施しています。

キャンペーンの内容は以下の通りです。

――まず、当社のエンジニア（兼データアナリスト、以下略）がお客様の工場に伺い、製造ラインにシステムを取り付けます。お客様には、その場で自社製造ラインのデータをご覧いただきます。大抵の場合、２時間もあればシステムが動作します。場合によっては数分で完了できることもあります。この際、交通費・宿泊費等の実費は頂戴していますが、取り付けから最長１ヶ月間までは使用料を無料とさせていただきます。

その後の使用を継続されたい場合は正式にご契約いただき、そうでなければ機器をご返却いただく——という流れです。

１ヶ月の間に、システムの動作、操作の仕方などを体感していただき、その後、導入の可否を判断できるため、たいへんご好評をいただいています。

(5) データ解析サービス——「ライン診断レポート」

前述(4)の「無料お試しキャンペーン」はたいへんご好評をいただいた反面、一部のお客様から「データが多すぎる」「データの見方がわからない」という声が寄せられました。

そこで私たちは、お客様のデータを解析し、改善ポイントを提示する「ライン診断レポート」の作成を、有料（一部無料）の「データ解析サービス」として開始しました。

この「ライン診断レポート」をご希望の場合は、当社のエンジニアがシステム取り付け時に工場製造ラインの観察とヒヤリングを行います。取り付けに伺うエンジニアは、製造ラインの改善の目利きです。観察とヒヤリングだけでもかなりの問題点を発見することができます。そして、収集したデータと照らし合わせ、前述の「レポート」を作成します。

(ｉ)「お客様の思っている以上に製造ラインは止まっている」

実はこの「レポート」作成を通じて判明したことが２点ありました。それは、

① 「お客様の思っている以上に製造ラインは止まっている」
② 「多くの工場では実際のサイクルタイムが正確に把握できていない」

ということです。ヒヤリングの際は多くの方が「測ったことはないけどたぶん80〜90%くらいは動いているんじゃないかな」とおっしゃいます。一方で「それでも注文をさばききれずに、24時間フル稼働させたり、残業したりしなければいけない日が多くある」と付け加えます。

また、計測したことはあっても、ほとんどが「作業者が申告した停止時間を集計した」だけでした。しかし、この方法で正確なデータがとれないことを、私たちは自社で経験しています[26]。

さて、実際にデータを収集し解析してみると、80%どころか50%しか動いていない工場が多くありました。勘や人の手作業というのは、あまりあてにならないのです。その結果、「24時間フル稼働」とか「2交代で残業も目一杯」などといったことが頻繁に起きていたのでした。

（ⅱ）「多くの工場では実際のサイクルタイムが正確に把握できていない」　当社のサービスを動作させるにあたっては、最初に「サイクルタイム」を申告していただき、初期設定に用いています。

ところが、可動率同様に、申告された「サイクルタイム」が実測値と一致したケースはほとんどありませんでした。このことも、多くの中小企業が、いかに自社の製造ラインの能力（時間当たり出来高）を正確に把握できていないかということの証左です。

当社のエンジニアはこれらの結果から、サイクルタイムの申告値と実測値のズレの原因を考えます。

たとえば、実測値が申告値より短い場合は、製造ラインが想定より長く止まっていたことを意味します。ラインの能力である「時間当たり出来高」を把握するには、「サイクルタイム」と「可動率」の両方を正確に知っていなければなりません。それができていないということは、改善が不十分であり、(3)の「改善ポテンシャル」が大きいことを意味します。

収集したデータと当社エンジニアによる観察結果を総合すると、具体的な改善アドバイスを伴った定量評価結果がレポートとしてまとまります。

モニタリング
ライン診断
レポート
ハイブリッド
コンサルティング

図 3.9　ハイブリッドコンサルティングの流れ

改善の方向性はさまざまですが、多くの場合「ラインの停止している時間が非常に長く、改善ポテンシャルが大きい」という結論に達します。

ちなみに、このレポートがあまりに衝撃的だったがゆえに「こんな悪い結果は社長に見せられないので契約しない」と契約不成立に終わったお客様もいらっしゃいました。

しかしながら、会社の未来を見据え、改善活動に取り組もうとするお客様なら、このレポートには相当な価値があると自負しています。

この「ライン診断レポート」作成は有料で行っています。しかしながら、お客様満足度向上の施策の一環として、ご希望のお客様については、特定のラインに関して、無料で、定期的に作成し提供していく予定です。

(6)　ハイブリッドコンサルティング ―― 改善力養成アドバイス

「データ解析サービス」により、お客様の抱える問題点の「みえる化」とアドバイス提供とができる体制は整えることができました。

しかしそれでも、さまざまな理由から、現場の改善がうまく進まないというお客様に向けて「ハイブリッドコンサルティング」の提供を開始しました（図 3.9）。

従来、中小企業にとってコンサルティングサービスの利用は、費用面がネックになっていました。私たちが調べたところでは、1ヶ月 300 万円や半年で 1500 万円かかるのが一般的なようです。経費がかかる理

注 26　第 1 章 1.6(1)(viii) ③および 1.7 参照。

由をコンサルタントに尋ねると、データ収集にたいへんな労力とコストがかかるため、どうしても割高になってしまうという返事でした。

そこで私たちは、当社のモニタリングサービスやウェブカメラ(予定)、テレビ会議システムを活用して、コンサルティング業務を行うことにしました。

コンサルティングの内容は、本書で述べている「ラインの時間当たり出来高の向上を目標とした改善」です。この目標を達成するべく、あるラインをモデルケースとして３ヶ月間にわたり集中的にコンサルティングを行い、データを利用しながら、お客様の現場の改善力を養成していきます。

「コンサルタント兼データアナリスト[27]」は、当社において高い改善実績を収めたメンバーたちです。報酬は、訪問回数やスカイプ等の遠隔会議の回数で決まる部分と、「時間当たり出来高向上度合い」で決まる部分の２つに分けます。つまり、従来のコンサルタント費用より低く抑え、実績をあげることができればそれに応じた成功報酬を頂戴するというしくみです。

(7)　協力コンサルタントとの連携

当社では「遠隔モニタリングシステム」を用意し、海外法人でも対応できるようにしています。

しかしながら、改善活動やコンサルティング業務においては現地現物に触れることがもっとも重要であることに変わりはありません[28]。

ただ、お客様の所在地があまりに遠隔地であると、ご負担いただく費用も大きくなってしまいます。

この問題を解決するべく、私たちは、当社が提供するサービスのコンセプトと使い方を理解し、かつ中小企業の生産性向上について意欲的に取り組んでいるコンサルタントとの連携を始めていきます。

この場合、２つのケースがあります。

① 当社のモニタリングサービスを使用して、データ解析と改善はコンサルタントが自分で行うケース

② 経営全般に対するコンサルティングの一部として、当社のサービスを利用するケース

主に①について、コンサルタントからお客様をご紹介いただいても、当社がコンサルタントに仲介料等を支払うことはありません。最終的にお客様のご負担が増えてしまうからです。

その代わり、お客様をご紹介いただいたコンサルタントの希望があれば、当社の「協力コンサルタント」としてデータベースに登録し、「ハイブリッドコンサルティング」の依頼があった場合はお客様に紹介するというしくみをつくろうとしています。

その際、当社の改善活動におけるコンサルタントの実績をお客様に開示します。これにより、実力のあるコンサルタントが契約時にお客様に選ばれることになります。

従来、コンサルタントの成績は定量化されていませんでした。しかし当社のシステムでは、お客様への貢献度も数値で示すことができるので、このようなしくみづくりが可能なのです。もちろん、成績を不開示とすることも可能です。

②については現在、大手の某コンサルティングファームと連携を開始しています。こちらについては、あくまで全体のコンサルティングの中の「製造ラインの出来高向上」について当社が受け持つ、という位置付けになります。

(8) コンサルタント兼データアナリスト育成事業

これらの展開と並行して、当社では「コンサルタント兼データアナリ

注 27 後述 (8) も参照。
注 28 第 1 章 1.4(2)(iv) 参照。

写真 3.6　スマートものづくり指導者育成スクール

スト」の育成事業も始めました。

それが、名古屋商工会議所の主催する「スマートものづくり指導者育成スクール」です。経済産業省が支援する「スマートものづくり応援隊事業」に採択された本スクールでは、ものづくり現場の改善について学習すると同時に、IoT ツールの導入方法が習得できます（写真 3.6）。

学習は「座学」および「工場での実習」+「グループワーク」によって進めていきます。講師は中京大学経営学部の渡辺丈洋教授およびiSTC 社もしくは旭鉄工コンサル事業部のメンバーが担当します。

スクール受講後は「スマートものづくり応援隊指導者」として、中小製造業からの派遣要請に応じて、派遣先の IoT 導入支援に取り組んでいただく予定です。

3.4 「システム」×「現場」×「改善力」から生まれたもの

(1)　4年間で「誰でも真似できる」から「誰にも真似できない」へ

当初、当社のシステムは「アキバで買った 50 円のセンサーで IoT 化」というイメージが先行したことと、第二世代までは専門家ではない社員たちの手で作ったため、「誰にでも真似できる簡単なシステム」と思われていました。

たしかに第一世代、第二世代まではその通りでした。

簡単で安価なシステムでも、発想を転換すれば、「コロンブスの卵」になるという点が、当社と同じ悩みを抱えていた多くの中小企業や、彼らの支援者たちの共感を得たのでしょう。

しかしながら、現在のシステムはもう「誰にでも真似できる」ものではありません。本書第1章で述べたように、第一世代を開発してから4年の間に、他の企業では考えられないスピードで改良を繰り返したからです。

しかもその改良は、会議室や机の上だけで行われたのではなく、開発、運営、品質管理の各部門が連携しながら作り上げていく、「DevOps[29]」という開発手法を用いました。

技術的にも現在ではレッドハット社のOpenShift[30]やRed Hat Decision Manager[31]などを採用することで、IoT、RPA[32]（ロボティクス）、AIなどの世界最先端のソフトウェア技術の取り込み、開発ベンダーやクラウドベンダーに依存しない構成変更への柔軟性、運用の自動化、新しいデバイスやAPI[33]との連携、セキュリティへの素早い対応などを実現しています。

「誰にでも真似できる」から始まった当社のIoT技術は、4年の間に「誰にも真似できない」領域へ達したのです。

(2)　3つの力を備えたオンリーワン企業の使命

当社が提供する「データ解析サービス」と「ハイブリッドサービス」は、

注29　第1章注33参照。
注30　第1章注37参照。
注31　第1章1.10(2)参照。
注32　第1章注32参照。
注33　Application Programming Interfaceの略。ウェブ上にソフトウェアの一部を公開し、アプリケーション同士で連携することを指す。

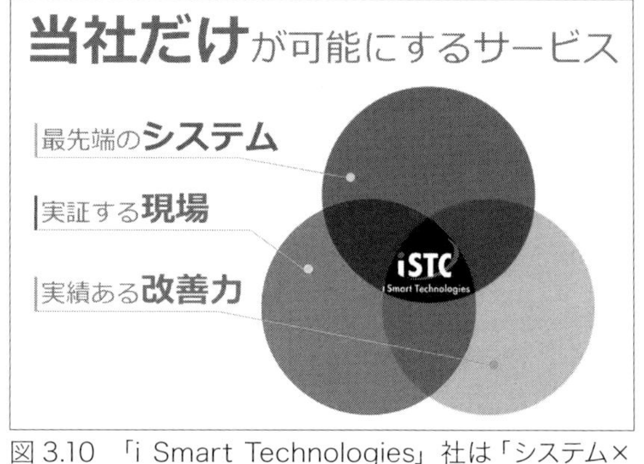

図 3.10 「i Smart Technologies」社は「システム×現場×改善力」を兼ね備えた企業

「システム」×「現場」×「改善力」の３つが揃って初めて可能となります（図 3.10）。

この３つを兼ね備えた企業は製造業分野では存在しません。

また、生産現場を持っていないソフトウェア開発会社にも実現不可能です。

当社がオンリーワン企業です。

また前述の２つのサービスは、世界中を見渡しても、当社にしかできない「真にオリジナルな」サービスです。

今後も、私たちは、システムの改良と機能追加、それらを用いた「現場の改善」と「蓄積されたデータの活用」を続けていきます。

そして、このようにして得た知見を最大限に活用し、すべての中小企業の生産性向上に貢献していくのが、私たちの使命だと考えています。

その先には、日本国内はもちろん、タイ王国を嚆矢とする世界中の町工場における「industry 4.0」の実現があります。ここが、私たちの目指す、現在もっとも大きな目標であると言えるでしょう。

木村 哲也 Tetsuya Kimura

旭鉄工株式会社 代表取締役社長
i Smart Technologies株式会社 代表取締役社長

1992年東京大学大学院工学系修士修了、トヨタ自動車㈱に21年勤務。主に車両運動性能の先行開発・製品開発に従事。また、生産調査部でトヨタ生産方式を学び内製工場および社外の指導を経験した。

2013年に旭鉄工㈱に転籍、生産調査部での経験を生かし、生産性・組織や仕事の進め方など経営全般を大きく改革。その中で製造ライン遠隔モニタリングシステムを構築・運用、生産性向上と人材育成の面で大きな成果をあげる。他の中小製造業でも同様に生産性向上を実現するため、このシステムをサービスとして提供する「i Smart Technologies ㈱」を設立した。

現在、本システムは中小企業を中心に100社以上に導入され、「第7回 ものづくり日本大賞 特別賞」をはじめ数多くの賞を受賞した。また2018年にはその実績が認められ、タイ王国工業省とシステム導入・発展に関する「覚書」を締結した。

Small Factory 4.0

第四次「町工場」革命を目指せ！

—— IoTの活用により、たった3年で「未来のファクトリー」となった町工場の構想と実践のすべて

2018年 8月1日 初版発行
2022年 8月1日 初版 第4刷発行

著　者　木村 哲也

発行所　株式会社 三恵社
〒462-0056 愛知県名古屋市北区中丸町2-24-1
TEL 052-915-5211　FAX 052-915-5019
URL https://www.sankeisha.com

ISBN 978-4-86487-865-4 C2055